Edwin Fernando González Martínez

Detección de Fraude en Tarjetas de Crédito

Edwin Fernando González Martínez

Detección de Fraude en Tarjetas de Crédito

Mediante Técnicas de Minería de Datos

Editorial Académica Española

Imprint
Any brand names and product names mentioned in this book are subject to trademark, brand or patent protection and are trademarks or registered trademarks of their respective holders. The use of brand names, product names, common names, trade names, product descriptions etc. even without a particular marking in this work is in no way to be construed to mean that such names may be regarded as unrestricted in respect of trademark and brand protection legislation and could thus be used by anyone.

Cover image: www.ingimage.com

Publisher:
Editorial Académica Española
is a trademark of
International Book Market Service Ltd., member of OmniScriptum Publishing Group
17 Meldrum Street, Beau Bassin 71504, Mauritius
Printed at: see last page
ISBN: 978-620-2-16787-1

Resumen

La minería de datos y machine learning son herramientas altamente potenciales en la identificación de observaciones inusuales en tendencias de patrones, dado que son un conjunto de técnicas robustas que facilitan la toma de decisión, el proceso knowledge discovery in databases, kdd por sus siglas en inglés, es un campo de la estadística y ciencias de la computación que emplea diversas técnicas y metodologías para el proceso de identificar patrones valiosos en la extracción de la información nueva, útil y novedosa; una de las etapas más importantes es el data mining, donde se realiza la estimación de los parámetros de los modelos probabilísticos como son las redes neuronales, random forest, naive bayes, máquinas de soporte vectorial, modelos lineales generalizados logit, probit y log log; posteriormente serán evaluados y analizados con las métricas de clasificación accuracy, precisión, recall, f beta score y curva roc. El fraude se define como la acción contraria a la verdad y a la rectitud, que perjudica a la persona o entidad contra quien se comete, esto conlleva a pérdidas económicas y problemas legales; hay diferentes tipos de fraude, como son intruso a redes privadas, tarjeta de crédito, telecomunicaciones y lavado de activos. Este trabajo busca comparar la eficiencia de los modelos probabilísticos de la minería de datos, machine learning y los modelos lineales generalizados para ser aplicados a las transacciones con tarjeta de crédito y evaluar con las métricas de clasificación que modelo probabilístico es eficiente en la detección de predecir el fraude.

Palabras clave: Estadística, Minería de datos, Aprendizaje Automático, Algoritmos, Patrones, Fraude con Tarjetas de Crédito.

[a]Estudiante Estadística Universidad Santo Tomás
[b]Docente Estadística Universidad Santo Tomás
[c]Docente Estadística Universidad Santo Tomás
[d]Consultor Externo

Abstract

Data mining and machine learning are highly potential tools in the identification of unusual observations in pattern trends, since they are a set of robust techniques that facilitate decision making, the knowledge discovery in databases process, KDD for its acronym in English, is a field of statistics and computer science that employs various techniques and methodologies for the process of identifying valuable patterns in the extraction of new, useful and novel information; One of the most important stages is the data mining, where the estimation of the parameters of the probabilistic models such as neural networks, random forest, naive bayes, vectorial support machines, generalized lineal models logit, probit and log log; later they will be evaluated and analyzed with the classification, accuracy, recall, f beta score and roc curve metrics. Fraud is defined as the action contrary to the truth and rectitude, which harms the person or entity against whom it is committed, this leads to economic losses and legal problems. There are different types of fraud, as they are intrusive to private networks, credit card, telecommunications and money laundering. This work seeks to compare the efficiency of the probabilistic models of data mining, machine learning and generalized linear models to be applied to credit card transactions and evaluate with the classification metrics that probabilistic model is efficient in predicting the fraud.

Keywords: Statistics, Data Mining, Machine Learning, Algorithms, Fraud, Patterns, Credit Cards.

Introducción

Una tarjeta de crédito es un documento plastico con banda de seguridad y chip emitida por una entidad financiera o comercial para compra de bienes y servicios con una modalidad de pago diferida a 30 días. Las tarjetas de crédito se originaron en 1914 en Estados Unidos cuando la empresa Western Unión las otorgó a su clientela más selecta y exclusiva con el propósito de asegurarles a los usuarios una atención preferencial en todas las sucursales de la empresa y, además, proporcionales la posibilidad de un pago diferido. La modalidad de tarjeta de crédito bancaria nace en 1951 por Franklin National Bank de Long Island Nueva York en ella se identifica el número de cuenta corriente del cliente y su línea de crédito. Sandoval (1991) [17]

Las tarjetas de crédito hacen parte del crecimiento comercial global de las economías de los países emergentes y desarrollados por sus canales tradicionales y en línea con el mundo; su crecimiento exponencial del sistemas de transferencia de dinero en línea ha contribuido en la expansión del comercio electrónico y a un número mayor de consumidores en compra y venta de productos de bienes y servicios en que Colombia no es la excepción debido a su infraestructura tecnológica en redes móviles e Internet.

La Real Academia Española [1] [13] define al fraude como la acción contraria a la verdad y a la rectitud, que perjudica a la persona o entidad contra quien se comete, esto conlleva a pérdidas económicas y problemas legales. Hoy siglo XXI con los avances tecnológicos computacionales y científicos de la estadística y herramientas de la minería de datos se puede detectar y predecir el fraude antes de ser cometido, existen algunas plataformas que ofrecen a entidades financieras el servicio de detección del fraude, algunas de ellas son falcon fraud manager y sas fraud management y utiliza análisis de datos de aprendizaje automático por un procesamiento analítico esencial de la inteligencia artificial para gestionar las necesidades de detección de fraude transaccional y monitoreo en pagos en una organización.

En Colombia el fraude a establecimientos de comercio y personas es resultado del manejo inadecuado de su información corporativa o personal, existen varias modalidades y técnicas utilizadas por los ciber-criminales, en una de ellas usurpan su información por medio de correos maliciosos llamados *phishing* donde un programa malicioso se apropia de la información personal y corporativa, obteniendo las claves para accesos a cuentas bancarias, ya que estos correos maliciosos recrean portales ficticios de entidades financieras en que el usuario ingresa sus datos y claves.

La tarea de detección de fraude no es un tema fácil de resolver, teniendo en cuenta las múltiples modalidades y evolución rápida que este tema ha tenido en la actualidad, las entidades financieras a nivel mundial utilizan la ciencia de la estadística con herramientas de la minería de datos y el machine learning para reconocimiento de patrones de comportamiento fraudulento, para ello la mayoría de los sistemas de detección actuales ofrecen dos tipos de alerta: alerta por calificación probabilística y por cumplimiento de reglas, en el primer tipo de alerta casi siempre se utilizan modelos predictivos para una calificación score, para el segundo caso se emplean filtros basados en sentencias de comandos sql. Ruiz (2006) [16]

Las técnicas de minería de datos y machine learning emplean modelos probabilísticos eficientes como: modelos de regresión generalizados, redes neuronales artificiales, arboles de decisión y redes de creencia bayesiana para determinar y predecir con una probabilidad o score el fraude, utilizan un sistema de aprendizaje autónomo para el reconocimiento de patrones y tendencias basados en hechos históricos, se utilizan los datos de transacciones hechas por los clientes para determinar los patrones, estos permiten identificar rápidamente circunstancias ajenas al comportamiento cotidiano de un cliente que pueden ser indicios de fraude. Ruiz (2006) [16]

Las reglas de asociación buscan las posibles relaciones existentes en un conjunto de datos en obtener patrones de comportamiento fraudulento existentes entre la presencia de un ítem y de un determinado conjunto de transacciones Vila & Cerda 2004 [20]. Un ítem es un conjunto de atributos binarios, y puede ser etiquetado como fraude con respuesta donde el valor de uno (1) identifica los ítems fraudulentos y el valor cero (0) los no fraudulentos.

---

[1] Fecha de consulta 30 marzo 2018 http://dle.rae.es/?id=IQS313i

Las metodologías para detectar el fraude son esenciales si queremos identificar a los estafadores una vez que la prevención del fraude ha fallado, la estadística y el aprendizaje automático proporcionan información correlacionada y efectiva para la detección del fraude, son de gran aplicación y con un gran éxito para detectar actividades fraudulentas como el blanqueo de dinero, el fraude con tarjetas de crédito, comercio electrónico, fraude en telecomunicaciones y redes privadas; por el contrario la detección de fraude implica identificar el fraude lo más rápido posible una vez que ha sido perpetrado. Bolton & Hand (2002) [3]

Un meta-clasificadores es la combinación de varios modelos que pueden ser de igual o diferentes tipos, con el fin de mejorar la precisión de sus predicciones. Los modelos apilados consisten en la combinación de modelos clasificadores de diferentes tipos de algoritmos de aprendizaje de un mismo conjunto de datos; Campos (2017) [6] explica en su trabajo de grado que los modelos apilados aprovechan la eficiencia de los meta-clasificadores para aumentar un poco más la eficiencia de sus predicciones.

Las redes neuronales y árboles de clasificación han demostrado ser una herramienta muy poderosa de la minería de datos por sus métodos eficientes en sus predicciones; Rincón 2017 [14] explica en su trabajo de grado que su propósito es de comparar el desempeño de los modelos mediante la combinación de diferentes algoritmos a través del método stacking o de apilamiento, el método stacking consiste en la construcción de múltiples modelos de diferentes tipos y su método de aprendizaje evalúa como combinar mejor las predicciones de los modelos primarios.

Este documento de trabajo de grado está estructurado de la siguiente forma: en la sección I, el objetivo general y específicos busca en comparar y estimar la eficiencia de los modelos probabilísticos de la minería de datos y los modelos lineales generalizados en la detección del fraude. En la sección II, marco teórico y conceptos fundamentales de los modelos probabilísticos, el proceso de calidad de los datos en las etapas de proceso, análisis y evaluación de eficiencia de predicción de los modelos probabilísticos. En la sección III, la metodología y herramientas para aplicación de los modelos probabilísticos estimados con el conjunto de datos de entrenamiento train, evaluación y análisis al conjunto de datos de prueba test en las métricas de clasificación en sus estimaciones para la detección de fraude con tarjetas de crédito. En la sección IV, los resultados de las premisas de la teoría matemática y estadística con sus métricas de clasificación evaluación y análisis. En la sección V, se describen las conclusiones realizando un énfasis en los resultados de sus métricas y selección del modelo que mejor predice y detecta el fraude con tarjetas de crédito. En la sección VI, trabajos futuros de investigación en teoría y desarrollo computacional.

1. Objetivo

1.1. Objetivo General

Comparar la eficiencia de predicción de los modelos de minería de datos y los modelos lineales generalizados para la detección del fraude para tarjetas de crédito.

1.2. Objetivo Específico

- Estimar la eficiencia de modelos de minería de datos y los modelos lineales generalizados para e identificar el fraude para tarjetas de crédito.

2. Marco Teórico

2.1. Conceptos Fundamentales

2.1.1. Estadística

La estadística se encarga de la recolección, acopio y análisis de información para optimizar los procesos de toma de decisiones, utiliza un conjunto de funciones matemáticas que describen su función y distribución de probabilidad cuyos parámetros no son desconocidos.

2.1.2. Minería de Datos

La minería de datos es el proceso de descubrir patrones interesantes a partir de grandes cantidades de datos, como proceso de descubrimiento de información potencialmente útil y novedosa. Los patrones interesantes representan el conocimiento y las medidas de interés del patrón, ya sean objetivas o subjetivas, y se pueden usar para guiar el proceso de descubrimiento. Han et al. (2014) [10].

Dado al conocimiento y los avances tecnológicos del siglo XXI la minería de datos es una herramienta muy poderosa aplicable a todas las ciencias del conocimiento por el alto rendimiento de sus modelos y algoritmos. La extracción de datos se puede realizar en cualquier tipo de datos y fuentes, siempre estos sean significativos para una aplicación de destino; siendo así, se puede comprender que es un conjunto de técnicas y herramientas aplicables a los datos que comprende la figura 1

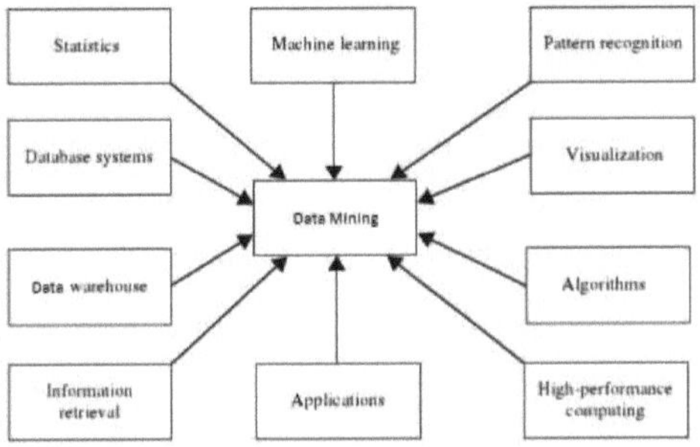

Figura 1: *Conjunto Técnicas de la Minería de Datos*

2.1.3. Machine Learning

El aprendizaje automático investiga cómo las computadoras y la inteligencia artificial permite a desarrollar técnicas para aprender o mejorar su rendimiento en función de los datos, y optimizar su proceso en el descubrimiento de nuevos patrones dado a su aprendizaje. Han et al. (2014) [10]

2.1.4. Algoritmos de Aprendizaje automático

Dado al aprendizaje automático por Yanchang et al. (2013) [21] es razonable suponer que hay un proceso oculto que explica los datos que observamos, aunque no conocemos los detalles de este proceso, sabemos que no es completamente aleatorio, esto representa la posibilidad de encontrar una aproximación buena y útil, aunque no podamos identificar el proceso por completo; los modelos matemáticos definidos en los parámetros se pueden usar para esta tarea, la parte del aprendizaje y el método de ensemble de modelos, consiste en elegir los parámetros no desconocidos que permitan optimizar un criterio de rendimiento con respecto a los datos observados.

Algoritmos de aprendizaje automático en 2 grupos :

1. **Aprendizaje Supervisado**, es básicamente un sinónimo de *clasificación*, la supervisión en el aprendizaje proviene de los ejemplos etiquetados en el conjunto de datos de entrenamiento.

2. **Aprendizaje No Supervisado**, es esencialmente un sinónimo de *agrupamiento*, el proceso de aprendizaje no está supervisado ya que los ejemplos de entrada no están etiquetados por clase, por lo general, podemos usar el agrupamiento para descubrir clases dentro de los datos.

2.1.5. Métodos de Ensemble

Los métodos de ensemble utilizan un conjunto de modelos entrenados $M_1, M_2, ..., M_k$ con el objetivo de crear un modelo mejorado de clasificación, M^p, dado a un k-ésimo conjunto de datos de entrenamiento donde se usa para generar un modelo de clasificación. Han et al. (2014) [10]. Estos modelos entrenados ayudan a mejorar la eficiencia para obtener una varianza mínima dada al conjunto de datos de entrenamiento y precisión en sus predicciones dado al conjunto de datos de prueba. Dada la flexibilidad del modelo aparece el problema de *Overfitting* que consiste en que para los datos de entrenamiento con los cuales se construye el modelo compuesto, se obtienen buenas predicciones pero no se predice adecuadamente para los nuevos conjuntos de datos. Amat (2017) [2]

Los 3 algoritmos más implementados y potentes de métodos de ensemble:

1. **Bagging** es un diseño de muestreo *Bootstrapping* que genera un k-ésimo de muestras creando modelos entrenados $M_1, M_2, ..., M_k$ con el fin de obtener una varianza mínima dado al aprendizaje. El proceso de bagging se basa en el hecho de que se promedian un conjunto de modelos entrenados en que se busca reducir la varianza, la media $\bar{M}$ y la varianza de la media de los modelos $\frac{\sigma^2}{k}$. Amat (2017) [2]

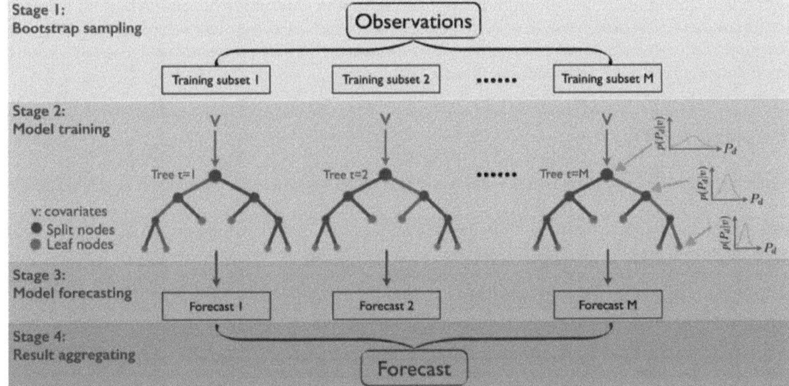

Figura 2: *Modelos Bagging*

2. **Boosting** Se ajusta de forma secuencial un conjunto de modelos entrenados $M_1, M_2, ..., M_k$ que aprenden en cadena a corregir los errores de un modelo débil dado a los anteriores. Campos (2017) [6] cita de su trabajo de grado que el modelo construido por Boosting es la suma ponderada de todos los modelos débiles dado a que el modelo final va obtener una predicción eficiente y varianza mínima.

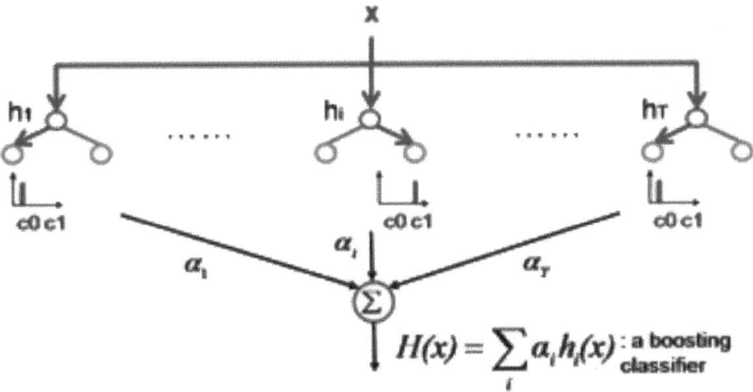

Figura 3: *Modelos Boosting*

3. **AdaBoost** es un algoritmo de aprendizaje que pertenece a la clase de conjuntos de modelos, estos tipos de modelos son, en efecto, formados por un conjunto de modelos base en que contribuyen a la predicción del algoritmo utilizando los metodos de agregación y adaptativo. La construcción del modelo se obtiene de forma secuencial, cada nuevo miembro de la secuencia se obtiene mejorando los errores del modelo anterior de la secuencia, las mejoras se obtienen usando un esquema de ponderación que aumenta los pesos de los casos que están incorrectamente clasificados por el modelo

anterior; esto significa que el aprendizaje base se usa en diferentes distribuciones de los datos de entrenamiento, las predicciones se obtienen mediante una media ponderada de las predicciones de los modelos base individuales, estos pesos se definen de modo que se otorguen valores mayores a los últimos modelos en la secuencia. Torgo (2011) [19]

2.2. Proceso KDD

El descubrimiento de conocimiento en bases de datos *KDD Knowledge Discovery in Databases* es un campo de la estadística y ciencias de la computación, que emplea diversas técnicas y herramientas como la minería de datos, machine learning e inteligencia artificial en el descubrimiento de identificar patrones, tendencias inusuales y poder descubrir información potencial mente útil y novedosa. El proceso de KDD abarca varias etapas en su realización, desde la selección de datos hasta el análisis y evaluación de los modelos dado a la figura 4. Ruiz (2006) [16]

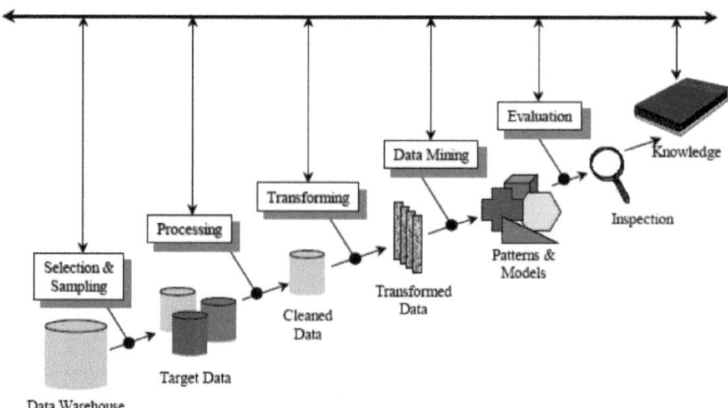

Figura 4: *Etapas del Proceso KDD*

1. **Selección y Muestra**: La selección de la información proviene de diversas fuentes físicas o tangibles, entre ellas como lo son los correos electrónicos, fotografías, vídeos, bases de datos, registros impresos y registros web entre otros, para ello se construye un cubo de información consistente y confiable para su debido proceso y etapa.

2. **Procesamiento**: El procesamiento evalúa la calidad de la información de los datos extraídos desde distintas fuentes y se utilizan técnicas para realizar el procedimiento de limpieza de los datos errados, faltantes, duplicados, inconsistentes y outliers; el *Pos-procesamiento* es la evaluación final de la limpieza obteniendo así una estructura adecuada para su debida transformación.

3. **Transformación**: La etapa de la trasformación y generación de nuevas variables a partir de las existentes, consiste en la consolidación, normalización, discretización para la siguiente etapa del Data Mining.

4. **Minería de Datos**: Etapa del modelamiento, para descubrir y potencializar información útil y novedosa, con el objetivo de extraer patrones inusuales por medio de herramientas y algoritmos altamente eficientes. La Real Academia [13] define a un algoritmo como el conjunto ordenado y

finito de operaciones que permite hallar la solución de un problema, y el método de notación en las distintas formas del cálculo.

Proceso y selección de un algoritmo etapa *KDD*:

   a) Selección del algoritmo a fines a la tarea a realizar.

   b) Buscar mediante procedimientos computacionales el algoritmo eficiente dado a sus datos.

   c) Implementación del algoritmo a la tarea.

5. **Evaluación y Análisis**: En esta etapa podemos identificar y describir los patrones inusuales por los modelos y algoritmos empleados en la extracción de información útil, valiosa y novedosa para su interpretación numérica o visual con fundamentos teóricos y estadísticos.

2.3. Evaluación y Selección del Modelo

El objetivo de esta etapa es evaluar el desempeño, las debilidades y fortalezas de los modelos probabilísticos. Para ello, se utiliza una métrica para seleccionar el modelo probabilístico que predice los mejores resultados en función de criterios como accuracy, precisión, recall, área bajo la curva roc y f beta score.

1. **Matriz de Confusión** : Una matriz de confusión está dada por un número de m clases ordenadas en filas y columnas, es simétrica por contener las mismas categorías en filas y columnas, las columnas corresponden a los resultados arrojados por el modelo de pronóstico mientras las filas representan la clasificación real de los individuos, sobre las casillas de la diagonal se identifican a los individuos bien clasificados por el modelo. La figura 5 muestra una matriz de confusión para un problema de clasificación binaria, la diagonal principal muestra los verdaderos positivos (VP) y verdaderos negativos (VN), la clasificación errada está dada por los falsos positivos (FP) y falsos negativos (FN).

		Predicción	
		Positivos	**Negativos**
Observación	**Positivos**	Verdaderos Positivos (VP)	Falsos Negativos (FN)
	Negativos	Falsos Positivos (FP)	Verdaderos Negativos (VN)

Figura 5: *Matriz de Confusión*

   a) Verdaderos Positivos (VP): Cantidad de casos No fraudulentos que fueron clasificados correctamente por el modelo.

   b) Verdaderos Negativos (VN): Cantidad de casos Sí fraudulentos que fueron clasificados correctamente por el modelo

   c) Falsos Positivos (FP): Cantidad de casos No fraudulentos que fueron clasificados incorrectamente como Sí fraudulentos.

   d) Falsos Negativos (FN): Cantidad de casos Sí fraudulentos que fueron clasificados incorrectamente como no fraudulentos.

2. **Exactitud** : La exactitud es un indicador evalúa la capacidad del modelo de clasificar correctamente los casos positivos y negativos las categorías, resultados que parte de los valores clasificados en la matriz de confusión, se calcula como los valores clasificados correcta mente de la diagonal principal o traza de la matriz verdaderos positivos y verdaderos negativos sobre el total de las categorías.

$$Exactitud = Accuracy = \frac{VP + VN}{VP + VN + FP + FN} \tag{1}$$

3. **Precisión** : La precisión es la probabilidad promedio de recuperación relevante de información, esta estadística pretende proporcionar una indicación de que interesantes y relevantes son los resultados de un modelo, puede verse como una medida de exactitud o calidad, la alta precisión significa que un algoritmo que arrojó resultados sustancialmente más relevantes que los irrelevantes.

$$Precision = \frac{VP}{VP + FP} \tag{2}$$

4. **Recall** : Es la probabilidad promedio de recuperación completa, aquí hacemos un promedio de varias consultas de recuperación, mientras que un alto Recall significa que un algoritmo devolvió la mayoría de los resultados relevantes.

$$Recall = \frac{VP}{VP + FN} \tag{3}$$

5. **Curva ROC** : La Curva ROC proviene de la teoría de detección de señales que se desarrolló durante la Segunda Guerra Mundial para el análisis de imágenes de radar. Una curva ROC para un modelo dado muestra la compensación entre la tasa de verdaderos positivos (TVP) y la tasa de falsos positivos (TFP). Han et al. (2014) [10].

$$Sencibilidad = TVP = \frac{VP}{P} = \frac{VP}{(VP + FN)} \tag{4}$$

$$TFP = \frac{FP}{N} = \frac{FP}{(FP + VN)} \tag{5}$$

$$Especificidad = \frac{VN}{N} = \frac{VN}{(FP + VN)} = 1 - TFP \tag{6}$$

El gráfico bidimensional representa en el eje vertical la proporción de valores positivos de sensibilidad y en el eje horizontal los valores la proporción de valores falsos positivos de especificidad, una recta de división desde el punto de origen hasta 1 en ambos ejes del plano; la curva ROC o también llamado AUC el área bajo la curva clasifica estadística mente bajo hipótesis el mejor modelo que obtenga dado a su aprendizaje y entrenamiento, para poder interpretar estas señales se han establecido intervalos de calificación para los valores del AUC

a) 0.50 - 0.60 Malo

b) 0.61 - 0.75 Regular

c) 0.76 - 0.90 Bueno

d) 0.91 - 0.97 Muy Bueno

e) 0.98 - 1.00 Excelente

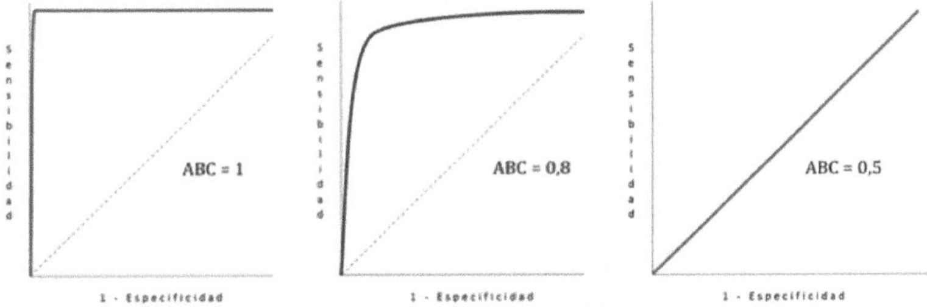

Figura 6: *Curva Roc*

6. **F Beta Score** : La estadística F_β es la media armónica de Precisión y Recall, La medida F_β es una medida ponderada de precisión y recuperación. Se asigna β veces más peso para recordar en cuanto a la precisión.

La puntuación $F_{\beta=1}$ es el promedio armónico de la Precisión y Recall , donde un puntaje F_1 alcanza su mejor valor en 1 (precisión perfecta y recuperación) y el peor en 0.

La Precisión y el Recall a menudo se fusionan en una única estadística, llamada F Beta Score o F - Measure por (*Rijsbergen, 1979*), dada por

$$F_\beta = (\beta^2 + 1)\ \frac{Precision\ Recall}{\beta^2\ (Precision + Recall)} \tag{7}$$

Donde $0 \leqslant \beta \leqslant 1$, donde β es un número real no negativo, y controla la importancia relativa de Recall y la Precisión. Torgo (2011) [19]

2.4. Redes Neuronales Artificiales

La red neuronal artificial (RNA) es un modelo matemático inspirado en el comportamiento biológico de las neuronas y en cómo se organizan formando la estructura del cerebro. Las redes neuronales intentan aprender mediante ensayos repetidos como organizarse mejor a sí mismas para conseguir maximizar la predicción. Un modelo probabilístico de una red neuronal se compone de nodos, que actúan como input, output o procesadores intermedios, y cada nodo se conecta con el siguiente conjunto de nodos mediante una serie de trayectorias ponderadas. Basado en un paradigma de aprendizaje, el modelo toma el primer caso, y toma inicial basada en las ponderaciones. Parra (2017) [12]

La red neuronal está estructurada por un numero de capas de la siguiente forma dada a la figura 7

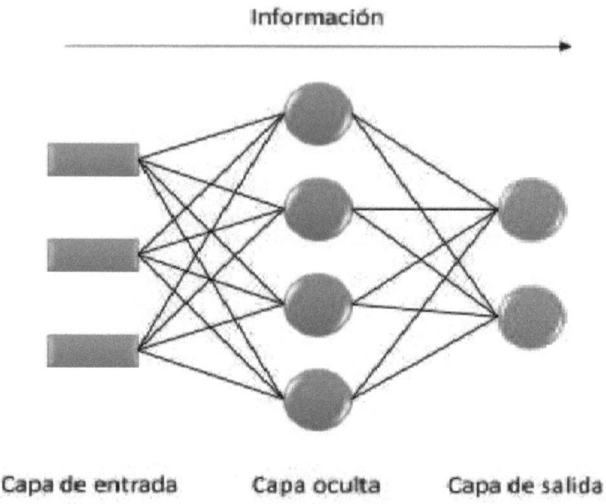

Figura 7: *Capas de una Red Neuronal*

1. Capa de Entradas: Recepción de señales o información de su entorno

2. Capas Ocultas : Información recibida por los pesos sinápticos

3. Capas de Salida : Información procesada y transmitida

La primera red neuronal artificial fue elaborada en 1943 por el psiquiatra y neuroanatomista Warren McCulloch y el matemático Walter Pitts, con el fin de emular una función neuronal biológica por métodos psiquiátricos y matemáticos. Torgo (2011) [19]; a mediados de los años 80 hubo grandes desarrollos teóricos y a mediados 1990 fue desarrollado el algoritmo Backpropagation por *Werbos*.

2.4.1. Algoritmo Backpropagation

Backpropagation es un algoritmo de aprendizaje de redes neuronales, en el desarrollo de las redes neuronales fue originalmente activado por psicólogos y neurobiólogos que buscaban desarrollo de premisas computacionales en el desarrollo de las neuronas artificiales. Durante la fase de aprendizaje, la red aprende ajustando los pesos para poder predecir la etiqueta de clase correcta. Yanchang et al. (2013) [21]

Las ventajas de las redes neuronales incluyen su alta tolerancia a los datos ruidosos, así como su capacidad para clasificar los patrones en los que no han sido entrenados, se pueden usar cuando puede tener poco conocimiento de las relaciones entre los atributos y las clases, Los algoritmos de red neuronal son inherentemente paralelos; las técnicas de paralización se pueden usar para acelerar el proceso de cálculo. Además, varias técnicas se han desarrollado recientemente para la extracción de reglas de redes neuronales capacitadas. Estos factores contribuyen a la utilidad de las redes neuronales para la clasificación y la predicción numérica en la extracción de datos. Yanchang et al. (2013) [21]

La figura 8 muestra un ejemplo de un modelo neuronal con n entradas, que consta de:

- Un conjunto de entradas $x_1, ..., x_n$.
- Los pesos sinápticos $w_1, ..., w_n$, correspondientes a cada entrada.
- Una función de agregación, $\sum$.
- Una función de activación, f_x.
- Una salida y_i

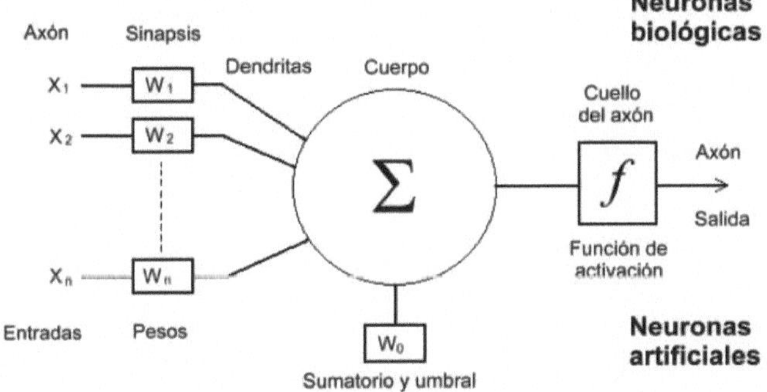

Figura 8: *Modelo de Una Red Neuronal Artificial*

Las entradas son el estímulo que la neurona artificial recibe del entorno que la rodea, y la salida es la respuesta a tal estímulo. La neurona puede adaptarse al medio circundante y aprender de él modificando el valor de sus pesos sinápticos, y por ello son conocidos como los parámetros libres del modelo, ya que pueden ser modificados y adaptados para realizar una tarea determinada. Parra (2017) [12]

En este modelo, la salida neuronal y está dada por:

$$Y = f(\sum_{i=1}^{n} w_i x_i) \tag{8}$$

Un modelo de una red neuronal artificial realiza tareas de clasificación en el plano dado al número de entradas x_i y unos pesos w_i, y consideramos como función de activación a la función del signo definida, por lo tanto, la salida neuronal Y estará dada en este caso por:

$$Y = \begin{cases} 1 & sí \ \sum_{i=1}^{n} x_i w_i \geq 0 \\ -1 & sí \ \sum_{i=1}^{n} x_i w_i < 0 \end{cases} \tag{9}$$

La función de activación se elige de acuerdo a la tarea realizada por la red neuronal, se presentan las más comunes e implementadas y se destacan en la siguiente figura 9:

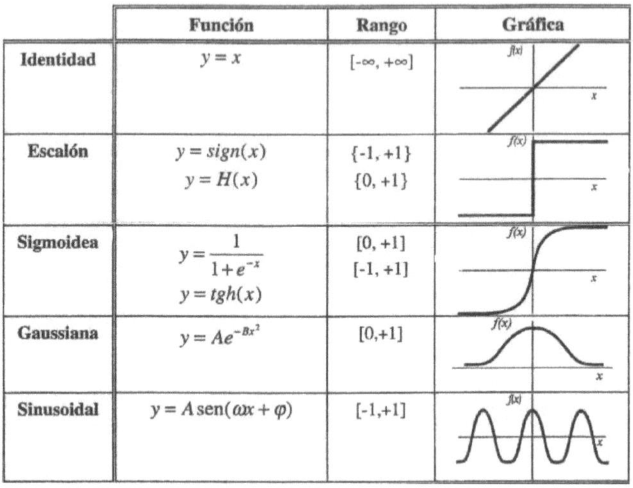

	Función	Rango	Gráfica
Identidad	$y = x$	$[-\infty, +\infty]$	
Escalón	$y = sign(x)$ $y = H(x)$	$\{-1, +1\}$ $\{0, +1\}$	
Sigmoidea	$y = \dfrac{1}{1 + e^{-x}}$ $y = tgh(x)$	$[0, +1]$ $[-1, +1]$	
Gaussiana	$y = Ae^{-Bx^2}$	$[0, +1]$	
Sinusoidal	$y = A\,\text{sen}(\omega x + \varphi)$	$[-1, +1]$	

Figura 9: *Funciones de Activación*

2.4.2. Arquitectura Neuronal

Una estructura neuronal está conformada por la forma en que están conectadas las diferentes formas de neuronas, dado a ello las conexiones o pesos sinápticos en que forman la topología de la red neuronal, en las que están definidas el tipo de estructura por número de capas, tipo de conexiones y grado de la conexión.

1. **Número de Capas**

   a) *Feedforward o Perceptrón Monocapa*: es un modelo Neuronal unidireccional, compuesto por dos capas de neuronas, una de entrada y otra de salida que realiza los diferentes tipos de cálculos; Manjarrez (2014) [11] este tipo de redes es útil en tareas relacionadas con la auto-asociación, es decir, regenera la información incompleta o distorsionada de patrones que se presentan a la red.

   b) *Feedforward o Perceptrón Multicapa*: Es un modelo Neuronal conformado por una capa de entrada, varias capas ocultas y una de salida, su transferencia o pesos sinápticos a cada nodo realiza el proceso iterativo.

2. **Tipo de Conexión**

   a) *Recurrentes*: Tipo de conexión en propagación y corrección de señales enlazadas entre las neuronas de una o varias capas.

b) *No Recurrentes*: En este tipo de conexión la red de propagación se produce en un solo sentido, por lo que no realiza la corrección de la señal y estas no tienen memoria.

3. **Grado de Conexión**

   a) *Totalmente Conectadas*: Conexión entre las neuronas y el número de capas asignadas a la estructura.

   b) *Parcialmente Conectadas*: No se da la conexión total entre las neuronas y el número de capas asignadas a la estructura.

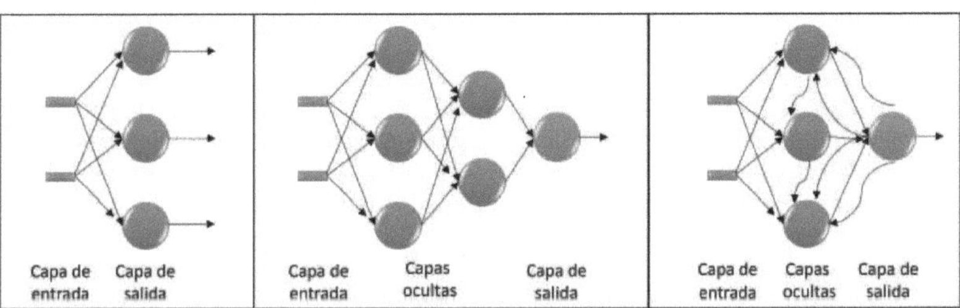

Figura 10: *Derecha Red Neuronal Monocapa, Centro Red Neuronal Multicapa & Izquierda Red Neuronal Recurrente*

2.4.3. Mecanismo de Aprendizaje

El aprendizaje de una red neuronal artificial corresponde a la asignación de pesos sinápticos aleatorios o nulos y por el método de aprendizaje, al diseñar un modelo se especifica el tipo de estructura y un tipo de entrenamiento, el entrenamiento de la red neuronal se lleva a cabo en dos niveles:

1. **Modelado por sinapsis** : Consiste en modificar los pesos sinápticos siguiendo una cierta regla de aprendizaje, construida normalmente a partir de la optimización de una función de error, que mide la eficacia actual de la operación de la red. Si denominamos $w_{ij}(t)$ al peso que conecta la neurona presináptica j con la postsináptica i en la iteración t, el algoritmo de aprendizaje, en función de las señales que en el instante t llegan procedentes del entorno, proporcionará el valor $\Delta w_{ij}(t)$ que da la modificación que se debe incorporar en dicho peso, el cual quedará actualizado de la forma:

$$\Delta w_{ij}(t - 1) = w_{ij}(t) + \Delta w_{ij}(t) \tag{10}$$

El proceso de aprendizaje es usualmente iterativo, actualizándose los pesos de la manera anterior, una y otra vez, hasta que la red neuronal alcanza el rendimiento deseado.

2. **Modelado por aprendizaje** : Dada a la arquitectura neuronal creada se realiza una modificación por el método de supervisión para la optimización deseada:

a) **Supervisado**: Por el método supervisado presenta a la red las salidas que debe proporcionar ante los patrones de entrada. Se observa la salida de la red y se determina la diferencia entre ésta y la señal deseada. Para realizar esto es necesario presentar un conjunto de datos o patrones de entrenamiento para determinar los pesos o parámetros de diseño de las interconexiones de las neuronas. Posteriormente, los pesos de la red son modificados de acuerdo con el error cometido. Manjarrez (2014) [11]

Este aprendizaje admite dos variantes:

   i) Aprendizaje por refuerzo: Sí la salida de la red corresponde o no con la señal deseada, es decir, la información es de tipo booleana verdadero o falso.

   ii) Aprendizaje por corrección: Conocemos la magnitud del error y ésta determina la magnitud en el cambio de los pesos

b) **No Supervisado**: No se conoce la salida que debe presentar la red neuronal, la red en este caso se organiza ella misma agrupando, según sus características, los diferentes patrones de entrada. Estos sistemas proporcionan un método de clasificación de las diferentes entradas mediante técnicas de agrupamiento o clustering. Manjarrez (2014) [11]

2.4.4. Tipo y Clasificación de Modelos

El tipo y clasificación de modelos de redes neuronales dado a su estructura, algoritmo de aprendizaje y tipo de conexión se presenta en la figura 11 :

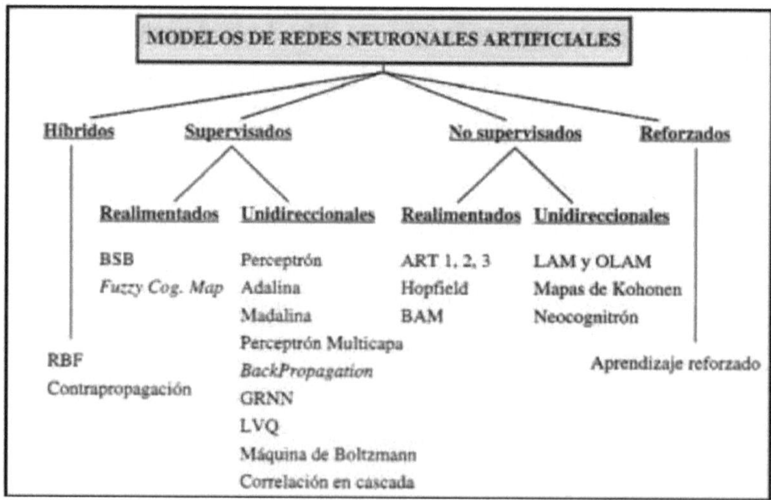

Figura 11: *Tipo de Clasificación Por Modelo, Algoritmo de Aprendizaje & Arquitectura*

2.5. Random Forest

Random forest es un clasificador que consiste en una colección de árbol estructurado de clasificadores $\{h(x, \Theta_k), k = 1...\}$ donde $\{\Theta_k\}$ son independientes y distribuidos de forma idéntica. Además, cada árbol arroja una unidad de votación para la clase más popular en la entrada x. Breiman (2001) [4]

Random forest es también conocido como bosques aleatorios, son una combinación de predictores de árbol de modo que cada árbol depende de los valores de un vector aleatorio x e y, random forest consiste en un conjunto de árboles de decisión, árboles de regresión o de clasificación, se generan un número importante de árboles los cuales son entrenarlos y se calcula su promedio de salida. Torgo (2011) [19] cita en su libro que la predicción de estos se obtiene promediando las predicciones de cada árbol, para los problemas de clasificación, esto consiste en un mecanismo de votación, la clase que obtiene más votos en todos los árboles es la predicción del conjunto.

En los árboles de decisión y random forest se encuentran nodos, ramas y hojas. Los nodos son las variables de entrada, las ramas representan los posibles valores de las variables de entrada y las hojas son los posibles valores de la variable de salida. Como primer elemento de un árbol de decisión tenemos el nodo raíz que va a representar la variable de mayor relevancia en el proceso de clasificación. Todos los algoritmos de aprendizaje de los árboles de decisión obtienen modelos más o menos complejos y consistentes respecto a la evidencia, pero si los datos contienen incoherencias, el modelo se ajustará a estas incoherencias y perjudicará su comportamiento global en la predicción, es lo que se conoce como sobre ajuste. Parra (2017) [12]

Random forest y bagging utilizan el mismo algoritmo con la única diferencia de que el número de predictores son diferentes antes de cada división del nodo, bagging utiliza el número de predictores p y random forest utiliza un número indeterminado de predictores aleatoriamente m, se trata de promediar un conjunto de modelos probabilísticos para conseguir reducir la varianza y así poder obtener la eficiencia óptima del modelo. Breiman (2001) [4] cita en su artículo que el error converge a un límite a medida que aumenta la cantidad de número de árboles, el error de un bosque de clasificadores de árboles depende de la fuerza de los árboles individuales en el bosque y la correlación entre ellos; otro método de validación es el cuadrado medio de error mse en el cual se encuentra el valor óptimo del número de predictores y número de árboles dado a la validación iterativa del conjunto de modelos probabilísticos.

La calidad de los nodos está dada a la divisiones óptimas de los nodos. Existen varias alternativas para encontrar el nodo más puro y homogéneo posible, hay varias alternativas pero las más utilizadas son el Índice de gini y entropía cruzada:

1. **Índice de Gini** : Se considera una medida de pureza del nodo, su valor de medida oscila entre (0) y (1) de tal manera que valores cercanos a cero indican pureza del nodo y cercano a uno impureza; es una medida de varianza total de las k-ésimas clases construidas del conjunto.

2. **Entropía Cruzada** : Es otra forma de cuantificar el desorden de un sistema. En el caso de los nodos, el desorden se corresponde con la impureza. Si un nodo es puro,

contiene únicamente observaciones de una clase, su entropía es cero. Por el contrario, si la frecuencia de cada clase es la misma, el valor de la entropía alcanza el valor máximo de 1. Amat (2017) [2]

En forma resumida se sigue este proceso:

1. Se seleccionan individuos al azar (usando muestreo con reemplazo) para crear diferentes conjuntos de datos.

2. Se crea un árbol de decisión con cada conjunto de datos, obteniendo diferentes árboles, ya que cada conjunto contiene diferentes individuos y diferentes variables en cada nodo.

3. Al crear los árboles se eligen variables al azar en cada nodo del árbol, dejando crecer el árbol en profundidad (es decir, sin podar).

4. Se predice los nuevos datos usando el "voto mayoritario", donde se clasificará como "positivo"si la mayoría de los arboles predicen la observación como positiva. El proceso se resume en la figura 12.

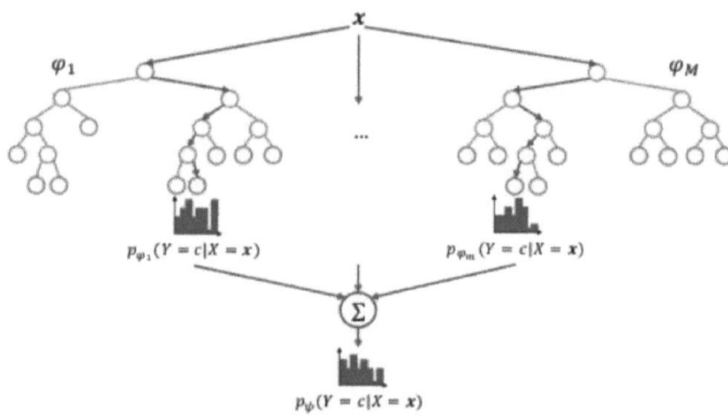

Figura 12: *Random Forest*

2.6. Naive Bayes

Naive bayes es un clasificador estadístico supervisado. Es un clasificador probabilístico que está basado en el teorema de bayes en la teoría de hipótesis de independencia entre las variables $X_1, ..., X_p$. El algoritmo naive clasificador es altamente eficiente en rendimiento de precisión y versatilidad en grandes bases de datos.

El teorema de bayes es atribuido por Thomas Bayes ingles quien hizo los primeros trabajos en la teoría de la probabilidad y teoría durante el siglo XVIII. En términos bayesianos, X es considerado como evidencia o la observación de las variables independientes $X_1, ..., X_p$, en que describe n atributos de un conjunto de datos dado a su aprendizaje supervisado. H expresa la hipótesis dado a su clase c. La probabilidad $P(H \mid X)$ donde H es la hipótesis y X es la evidencia donde pertenece la clase, y es la *probabilidad posteriori* de H condicionada de X. Han et al. (2014) [10]

Dado al teorema de bayes especifica que $P(A|B) = \dfrac{P(B|A)P(A)}{P(B)}$. Usando este teorema, el clasificador naive bayes calcula la probabilidad de cada clase para un caso de prueba dado como

$$P(c \mid X_1, ..., X_p) = \frac{\Gamma(c)\Gamma(X_1, ..., X_p \mid c)}{P(X_1, ..., X_p)} \tag{11}$$

Donde c es una clase y $X_1, ..., X_p$ los valores observados de las variables para el caso de prueba dado.

La probabilidad $P(c)$ puede verse como la expectativa previa de la clase c. $P(X_1, ..., X_p \mid c)$ es la probabilidad del caso de prueba dada la clase c. El denominador es la probabilidad de observar la evidencia en que el denominador será constante en todas las clases. Usando algunas definiciones estadísticas sobre probabilidades condicionales y asumiendo *ingenuamente* independencia condicional entre las variables, se reduce el numerador de la fracción a

$$P(c)P(X_1, ..., X_p \mid c) = P(c)\prod_{i=1}^{p} P(X_i \mid c) \tag{12}$$

En naive bayes se estiman estas probabilidades de la muestra de entrenamiento usando frecuencias relativas, usando estas estimaciones, el método genera las probabilidades de clase para cada caso de prueba de acuerdo con la ecuación 11

2.7. Máquinas de Soporte Vectorial

Las máquinas de soporte vectorial (MSV) es un método de aprendizaje supervisado por clasificación y regresión, es un modelo probabilístico avanzado. Para un método de clasificación, el modelo realiza un entrenamiento con un conjunto de datos en que realiza un mapeo de los datos, en que son clasificados a un alto espacio de características dimensionales separando las clases a 2 espacios lo más amplios posibles mediante un hiperplano, y se muestra en la figura 13. Para un método de regresión, realiza un entrenamiento de con un conjunto de datos para el método de separación de linealidad, esto quiere decir que no realiza la clasificación dado a un hiperplano, entonces, el modelo probabilístico MSV realiza una curva de tendencia para la separación eficiente de clasificación dado a las diferentes funciones de kernel, como se muestra en la figura 15.

Las MSV fueron propuestas por *Vapnik* en la década de 1960 y su equipo en los laboratorios AT&T. Se han convertido en un área de intensa investigación debido a la evolución en el técnicas y teoría junto con extensiones a la regresión y la estimación de densidad. Burbidge & Buxton (2001) [5]

2.7.1. Aprendizaje Supervisado MSV

El problema general del aprendizaje automático es buscar un espacio generalmente muy grande de hipótesis potenciales para determinar cuál se ajustará mejor a los datos. Los datos pueden estar etiquetados o no etiquetados, si se dan etiquetas entonces el problema es uno de aprendizaje supervisado en el que la respuesta verdadera es conocida para un conjunto dado de datos, si las etiquetas son categóricas entonces el problema es de clasificación, si las etiquetas son de valor numérico el problema es uno de regresión. Si no se dan las etiquetas, entonces el problema es uno de aprendizaje no supervisado y el objetivo es caracterizar la estructura de los datos.

2.7.2. Método de Clasificación MSV

Los métodos de clasificación supervisada son datos de entrada vistos por vector p-dimensional; dado a un conjunto de datos de entrenamiento por un modelo probabilístico que busca en encontrar subconjuntos de datos y separarlos por categorías en un posible número de p - hiperplanos, además, por diferentes métodos y algoritmos se busca en predecir un punto y describir a que categoría pertenece. Parra (2017) [12]

El límite máximo hiperplanos busca en encontrar una separación óptima y la mayor distancia de separación del conjunto de datos de la superficie que son clasificados por una categoría dada a los vectores de soporte, estos soportes definen la calidad de clasificación y de la categoría dado a la distancia máxima en concepto de separación óptima como se muestra en la figura 13. Burbidge & Buxton (2001) [5] cita en su artículo que la formulación del aprendizaje y el entrenamiento de los datos cuando son linealmente separables entonces (w_i, b).

Donde w es el vector del peso y b es el sesgo que se denomina el límite tal que

$$\begin{cases} H_1 : w^T x_i + b \geq 1, & \text{para todo } x_i \in P \\ H_2 : w^T x_i + b \leq -1, & \text{para todo } x_i \in N \end{cases} \tag{13}$$

Dada la regla de decisión por

$$f_{w,b}(x) = signo(w^T x + b) \tag{14}$$

Las restricciones de desigualdad de la ecuación 14 se pueden combinar para dar

$$y_i \left(w^T x_i + b\right) \geq 1, \quad para\ todo\ x_i \in P \cup N \tag{15}$$

Sin pérdida de generalidad, el par (w, b) pueden cambiar de escala de manera que

$$\min_{i=1...l} \mid w^T x_i + b \mid = 1$$

Esta restricción define el conjunto de hiperplanos canónicos en $\mathbb{R}^N$.

De esta forma, los puntos del vector que son etiquetados con una categoría que estarán en un lado del hiperplano y los casos que se encuentren en la otra categoría estarán al otro lado.

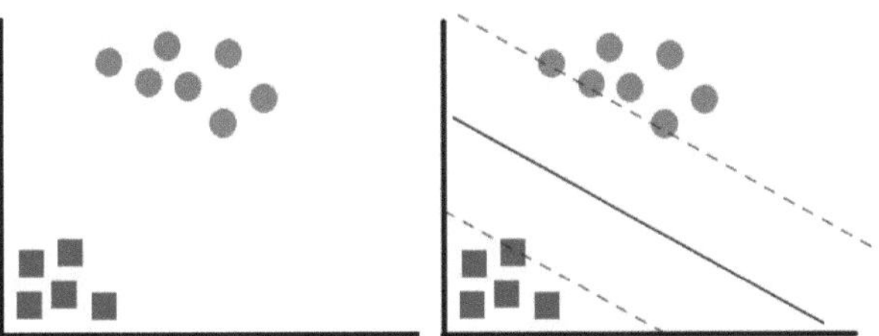

Figura 13: *Método de Clasificación SVM*

2.7.3. Método de Regresión MSV

Se quiere determinar una probabilidad que se cometa fraude y que emplee una regresión, la regresión se basa en buscar la curva que modele la tendencia de los datos y, según ella, predecir cualquier otro dato en el futuro. Podremos definir siempre minimizando el error con las MSV en que garantizan una bondad de ajuste a la línea de tendencia como se muestra en la figura 14.

Figura 14: *Método de Regresión MSV*

En problemas no lineales siempre será posible utilizar la función del método de kernel, tras resolver un numero de hipótesis del problema de dimensión en un hiperplano el conjunto de datos no son de separación lineales si no oblicuas como se muestra en la figura 15, se busca que el modelo MSV por el método de kernel obtenga el ajuste de bondad de los datos. Burbidge & Buxton (2001) [5] cita que la flexibilidad de las propiedades de las funciones de kernel permite a MSV un buen ajuste de bondad.

1. Núcleo Polinómico de Grado h : $K(x_i, x_j) = ((x_i)(x_j + 1))^h$

2. Núcleo de la Función Base Radial de Gauss: $K(x_i, x_j) = \exp\left\{-\frac{\|x_i, x_j\|^2}{2\sigma^2}\right\}$

3. Núcleo Sigmoide : $K(x_i, x_j) = \tanh((kx_i)(x_j - \delta))$

Conjunto de datos suavizados a la tendencia, dado a los métodos de las funciones tipo Kernel expuestas

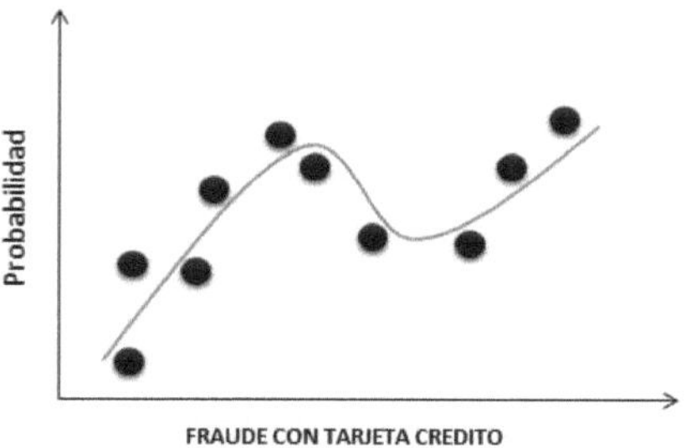

Figura 15: *Regresión No Lineal SVM*

2.8. Modelos Lineales Generalizados

Un modelo lineal generalizado se origina cuando se interesa modelar un experimento en el cual la variable respuesta dependiente Y tiene una distribución que pertenece a la familia exponencial, y está asociada a un conjunto de variables explicativas independientes $X_1, ..., X_p$. Rincón(2009) [15]

$$E(Y) = \mu = g^{-1}(X\beta)$$

Los modelos lineales generalizados están compuestos por tres componentes denominados:

1. **Componente aleatoria :**

   Está representada por un conjunto de variables independientes Y_i $i = 1, 2, ..., n$ cuya distribución para todo i pertenece a la familia exponencial, la función de densidad satisface.

   $$f(y_i; \theta_i; \phi) = exp\left(\frac{1}{a_i(\phi)}[y_i\theta_i - b(\theta_i) + c(y_i; \phi)]\right) \tag{16}$$

   Para algunas funciones $b\,(\cdot)$ y $c\,(\cdot)$ conocidas, y además

   a) $E(Y_i) = b'(\theta_i) = \mu_i$

   b) $V(Y_i) = a_i(\phi)b''(\theta_i) = a_i(\phi)V(\mu_i)$

   c) $(\phi) = \dfrac{\phi}{w_i}$ siendo w_i un conjunto de valores o pesos.

2. **Componente sistemática**

   Está conformada por una matriz de variables independientes $X_1, ..., X_p$ y puede estar asociada a una componente sistemática a un modelo de rango completo o incompleto, para un diseño experimental con variables categóricas o de clasificación.

   $$\eta_i = \sum_{i=1}^{p} x_{ij}\beta_j \quad \text{equivalente a } \eta = X\beta$$

3. **Función de Enlace**

   Es una función monótona, derivable que asocia o enlaza las componentes aleatoria y sistemática.

   $$g(\mu_i) = \eta_i$$

2.8.1. Modelo Logístico

El modelo logístico es un caso en particular del modelo lineal generalizado descrito antes con las siguientes tres componentes:

1. **Componente aleatoria** : Se asume que la variable respuesta U tiene distribución logística con parámetros μ y τ la función de densidad de probabilidad está dada por:

$$f(u;\mu;\tau) = \frac{1}{\tau}\frac{e^{(u-\mu)/\tau}}{\left(1 + e^{(u-\mu)/\tau}\right)^2}$$

Satisface $E(U) = \mu \quad V(U) = \frac{\pi^2\tau 2}{3}$.

Reemplazando $\beta_1 = -\frac{\mu}{\tau}$; $\quad \beta_2 = \frac{1}{\tau}$, resulta

$$f(u;\beta_1;\beta_2) = \beta_2\frac{e^{\beta_1+\beta_2 x_i}}{\left(1 + e^{\beta_1+\beta_2 x_i}\right)^2}$$

2. **Función de enlace** : Para este modelo se utiliza como función de enlace la función Logit por lo que está definida por:

$$\eta_i = Logit(\pi_i) = ln\left(\frac{\pi_i}{1 - \pi_i}\right) \tag{17}$$

3. **Predictor lineal** : Para el caso de una variable explicativa el predictor es $\eta_i = \beta_0 + \beta_1 x$ con la cual el modelo especificado es:

$$Logit(\pi_i) = ln\left(\frac{\pi_i}{1 - \pi_i}\right) = \beta_1 + \beta_2 x_i \tag{18}$$

Que se transforma en el modelo

$$E(Y_i) = \mu_i = m_i\frac{\exp^{(\beta_1+\beta_2 x_i)}}{1 + \exp^{(\beta_1+\beta_2 x_i)}} \tag{19}$$

La estimación de los coeficientes $\hat{\beta}_i$ del vector de parámetros del modelo, permite estimar en función $X_1, ..., X_p$, la probabilidad de que el suceso ocurra en función de π_i o el valor $E(Y_i)$.

2.8.2. Modelo Probit

El modelo probit es un caso en particular del modelo lineal generalizado descrito antes con las siguientes tres componentes:

1. **Componente aleatoria** : Se asume que la variable respuesta $U \sim N(\mu, \sigma^2)$ sigue una distribución Normal con μ y σ^2 por lo tanto:

$$\pi_i = P(U \leqslant x_i) = P\left(\frac{U - \mu}{\sigma} \leqslant \frac{x_i - \mu}{\sigma}\right) = P(Z \leqslant -\frac{\mu}{\sigma} + \frac{1}{\sigma}x_i) = P(Z \leqslant \beta_1 + \beta_2 x_i)$$

2. **Función de enlace** : Está definida por $probit(p) = g(p) = \Phi^{-1}(p)$, siendo $\Phi(b) = P(Z < b)$ para Z una variable con distribución normal estándar. Cuando se utiliza esta función de enlace el modelo se denomina *Modelo Probit*. Para $\beta_1 = -\dfrac{\mu}{\sigma}$; $\beta_2 = \dfrac{1}{\sigma}$

$$\eta_i = \pi_i = \Phi(\beta_1 + \beta_2 x_i) \tag{20}$$

3. **Predictor lineal** : Para el caso de una variable explicativa el predictor es $\eta_i = \beta_0 + \beta_1 x_i$ con la cual el modelo especificado es:

$$probit(\pi_i) = \Phi^{-1}(\pi_i) = \beta_1 + \beta_2 x_i \tag{21}$$

Que se transforma en el modelo

$$E(Y_i) = \mu_i = m_i \Phi\left(\beta_1 + \beta_2 x_i\right) \tag{22}$$

La estimación de los coeficientes $\hat{\beta}_i$ del vector de parámetros del modelo, permite estimar $E(Y_i)$ y π_i la probabilidad de que el suceso ocurra, en función de $X_1, ..., X_p$

2.8.3. Modelo Log Log

El modelo log log es un caso en particular del modelo lineal generalizado descrito antes con las siguientes tres componentes:

1. **Componente aleatoria** : Se asume que U tiene distribución de Gumbel con parámetros α y τ:

$$f(u, \alpha, \tau) = \frac{1}{\tau} \exp\left(\frac{u - \alpha}{\tau}\right) \exp\left(-\exp\left(\frac{u - \alpha}{\tau}\right)\right)$$

Para esta distribución se satisface $E(U) = \alpha + \gamma\tau \qquad V(U) = \dfrac{\tau^2 \pi^2}{6}.$

2. **Función de enlace** : Para este modelo se utiliza como función de enlace modelo complemento log log (*Comlog*), la función Comlog(π_i) está definida por:

$$\eta_i = \pi_i = ln\left(-ln(1 - \pi_i)\right) \tag{23}$$

3. **Predictor lineal** : Para el caso de una variable explicativa el predictor es $\eta_i = \beta_0 + \beta_1 x_i$ con la cual el modelo especificado es:

$$\pi_i = ln\left(-ln(1 - \pi_i)\right) = \beta_1 + \beta_2 x_i \tag{24}$$

Que se transforma en el modelo

$$E(Y_i) = \mu_i = m_i\left(1 - \exp(-\exp(\beta_1 + \beta_2 x_i))\right) \tag{25}$$

La estimación de los coeficientes $\hat{\beta}_i$ del vector de parámetros del modelo, permite estimar en función $X_1, ..., X_p$, la probabilidad de que el suceso ocurra en función de π_i o el valor $E(Y_i)$.

3. Metodología

Se realizará un análisis computacional con el software the R project `www.r-project.org` en buscar la eficiencia óptima de los modelos probabilísticos de minería de datos y modelos lineales generalizados, en encontrar el mejor ajuste de bondad de la variable dependiente Y_i en función de las variables independientes $X_1, ..., X_P$. Para el marco probabilístico del conjunto de datos por fraude con tarjetas de crédito se estratificara por el ítem de fraude y segmentación por el valor en dinero en euros. Se procede a realizar en dos fases la estimación y predicción : fase 1 un conjunto de datos de entrenamiento *train* realizara la estimación de los modelos probabilísticos de sus parámetros, y fase 2 se procede a realizar las predicciones con un conjunto de datos de prueba *test* que serán evaluados con los indicadores de clasificación métrica accuracy, f beta score, precisión, recall, área bajo la curva roc (*auc*).

Los índices de clasificación métrica son altamente eficientes en conjunto de datos equilibradas, pero el conjunto de datos por fraudes con tarjetas de crédito son altamente desequilibradas, dado a ello se evaluará y analizará con más detalle el indicador de la auc.

Los modelos Probabilísticos son :

1. Modelos de minería de datos y machine learning

    a) Redes neuronales artificiales

    b) Random forest

    c) Naive bayes

    d) Maquinas de vectores de soporte

2. Modelos lineales generalizados

    a) Modelo lineal logístico

    b) Modelo lineal probit

    c) Modelo lineal log - log

El repositorio de datos de detección de fraude con tarjeta de crédito fue proporcionado por kaggle. Es una plataforma tecnológica para el modelado predictivo y competencias de análisis en la que estadísticos y mineros de datos compiten para producir los mejores modelos para predecir y describir, además, contienen diferentes conjuntos de datos para el servicio de la comunidad de machine learning `https://www.kaggle.com/`.

3.1. Detección de Fraude con Tarjeta de Crédito Data Set

Los conjuntos de datos contienen transacciones realizadas con tarjetas de crédito en septiembre de 2013 por titulares de tarjetas europeos. Este conjunto de datos presenta las transacciones que ocurrieron en dos días, donde tenemos 492 fraudes de 284,807 transacciones. El conjunto de datos es altamente desequilibrado, la clase positiva fraudes representa el 0.172 % de todas las transacciones.

El conjunto de datos contiene variables de entrada numéricas que son el resultado de una transformación de análisis de componentes principales (ACP). Desafortunadamente, debido a problemas de confidencialidad, no podemos proporcionar las características originales y más información de fondo sobre los datos. Las características $V_1, V_2, ..., V_{28}$ son los componentes principales obtenidos con ACP, las únicas características que no se han transformado con ACP son tiempo, clase o ítem y cantidad en dinero en euros. Característica tiempo contiene los segundos transcurridos entre cada transacción y la primera transacción en el conjunto de datos. La función Importe es la cantidad de la transacción en dinero en euros, esta función se puede utilizar para el aprendizaje dependiente del ejemplo. Característica Clase o ítem de fraude donde toma el valor (1) en caso de fraude y (0) en caso contrario.

Repositorio url :

`https://www.kaggle.com/dipanshuagarwal/credit-card-fraud-prediction/data`

4. Resultados

Se fundamentó las premisas en las secciones anteriores la teoría matemática y estadística de cada proceso de los modelos probabilísticos, además, se procede a realizar una limpieza y depuración para la calidad de la información para un análisis estadístico descriptivo, un diseño de muestreo estratificado y segmentado con el conjunto de datos de entrenamiento. Se procede a realizar las estimaciones de los parámetros de los modelos probabilísticos con el conjunto de datos de prueba en la evaluación y análisis de algoritmos.

4.1. Análisis Descriptivo

1. Se procede a realizar una exploración al conjunto de datos que no presenta datos faltantes en la base total o marco probabilístico; en la variable cantidad existen valores en dinero en euros de cero, cada transacción en cero euros no representa pérdida económica por lo que no se van a tener en cuenta y serán retirados del marco probabilístico.

   a) Número de transacciones 1825 con valores a cero euros, que representa el 0.64 %.

2. Dado al siguiente proceso para el conjunto de datos, para la variable cantidad en dinero en euros se tuvieron en cuenta las transacciones superiores a cero euros, para un número de transacciones total de 282982 con 31 variables. Además, para el nuevo conjunto de datos hay 465 transacciones fraudulentas con una tasa fraude del 0.164 % , y valor cuantificado en dinero en euros de $ 60127.97 por dos días.

4.2. Diagramas de Visualización

1. **Diagrama de Dispersión** : Se observa en el diagrama donde si hubo fraude legítimo que presenta una gran concentración de transacciones por valores superiores a un euro pero que no supera los 2200 euros según figura 16.

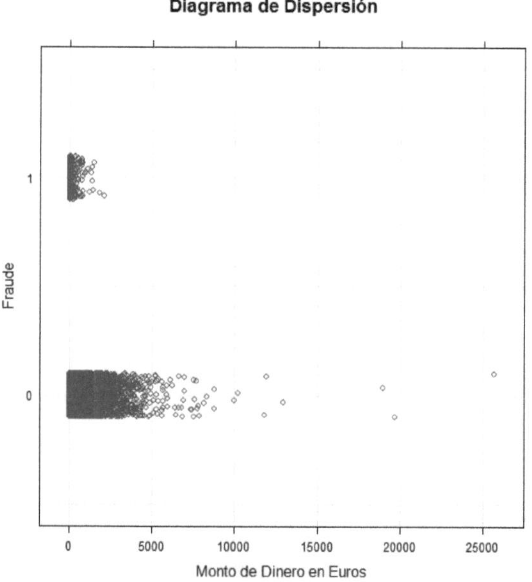

Figura 16: *Diagrama de Dispersión por Fraude*

2. **Diagrama de Caja** : Hay una fuerte concentración en valores inferiores a 17.06 euros correspondiente a 233 transacciones que representa el 50 % de ellas, 165 transacciones en dinero en euros superiores de 17.07 hasta los 275 euros que representa el otro 50 % para un total del 100 %. Además, hay 67 transacciones con valores superiores a 275 euros pero que no superan los 2200 euros, como se muestra en la figura 17.

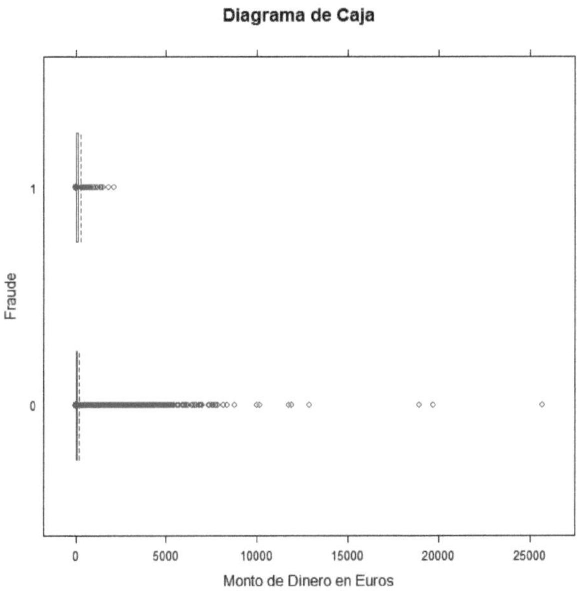

Figura 17: *Diagrama de Caja por Fraude*

3. **Histograma** : El consumo masivo de las tarjetas de crédito en ambas parcelas se observan que hay cantidades de dinero por las mismas cantidades de dinero de igual proporción superiores del 90 % por transacciones, en la parcela de sí fraude se observan transacciones que superan el 10 % de dinero superiores a 17.06 euros según figura 18.

4. **Diagrama de Densidad** : En la figura 19 podemos observar que el fraude es muy pequeño comparado con las transacciones legítimas. Se debe realizar un adecuado proceso y transformación del conjunto de datos de entrenamiento para la estimación de sus parámetros del modelo seleccionado para la tarea. El conjunto de datos esta desequilibrada por el número de transacciones que no supera la tasa de fraude el 1 % esto conlleva que en el momento de realizar sus estimaciones no clasifique correctamente.

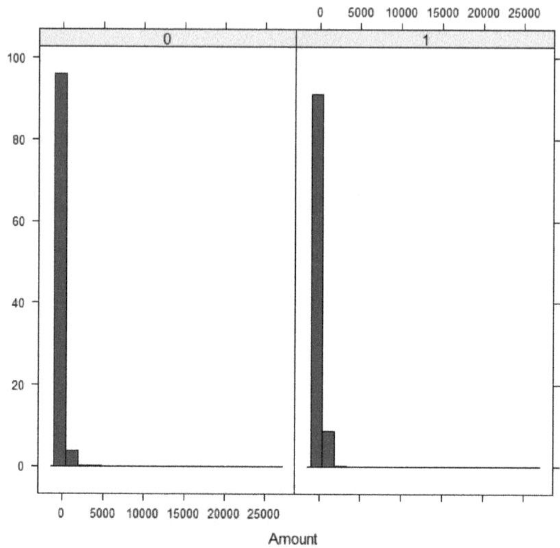

Figura 18: *Histograma por Fraude*

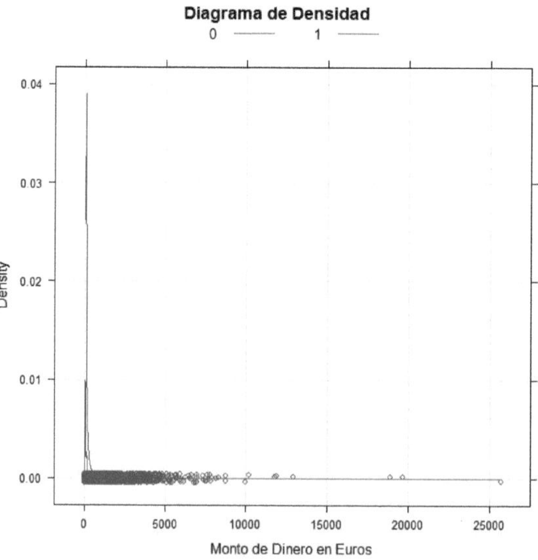

Figura 19: *Diagrama de Densidad*

4.3. Diseño de Muestreo

Para un diseño de muestreo probabilístico estratificado M.A.S segmentada serán seleccionadas las transacciones de un marco probabilístico del conjunto de datos de transacciones por fraude con tarjetas de crédito, para la estratificación fue seleccionada la variable fraude con valor (1) donde se presentó y el valor (0) donde no hubo fraude, para la segmentación se selecciona la variable cantidad en dinero en euros por el valor de la transacción. Para el tamaño de muestra de un conjunto de datos de entrenamiento se asigna una tasa porcentual del 70 % del total del marco probabilístico de las transacciones, para un total de 198091, y un tamaño de muestra del 30 % para un conjunto de datos de prueba de 84891 transacciones. Además, para los conjuntos de datos se utilizara una segmentación jerárquica con la librería *e1071* de su línea de código *bclust* en que se seleccionó el método *average*, esta segmentación siguiere realizar la partición del conjunto de datos en 3 clústers, método de selección del clúster por el método de codo. El método de codo es una gráfica de dos dimensiones en el eje y el cuadrado medio de error (*cme*) y eje x número de clúster, se selecciona cuando el *cme* se estabiliza cortando en un eje x.

Dado los resultados de estimación de la muestra de entrenamiento de un diseño de muestra M.A.S su coeficiente de variación de error de la muestra $\widehat{cve}$ del 0.294 %, el diseño de muestreo probabilístico son altamente eficientes. Además, en la siguiente figura 20 podemos observar la estructura de segmentación del conjunto de datos de las transacciones con tarjetas de crédito de cada clúster, en que tienen la misma estructura y simetría.

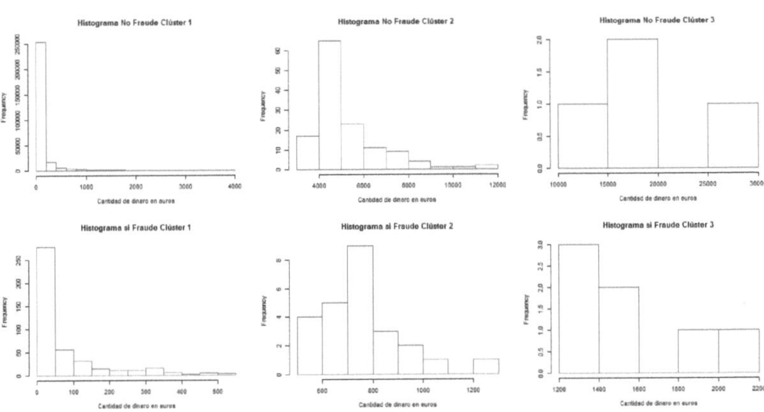

Figura 20: *Estructura de la Población Segmentada*

4.4. Estimación de Modelos Probabilísticos

4.4.1. Red Neuronal Artificial

Se procede a realizar la estimación de un modelo probabilístico de una red neuronal artificial (RNA) con un conjunto de datos de entrenamiento con la librería *h2o*, línea de programación del código *h2o.deeplearning* y programación de lenguaje de parámetros del código en R, distribución *bernoulli*, número de capas ocultas *50,100,200,100,50* y función de activación *tanh*. Dado al modelo se procede a realizar las predicciones con el conjunto de datos de prueba y serán evaluados y analizadas las métricas de clasificación.

En la tabla 1 la matriz de confusión del modelo probabilístico RNA, realizo una clasificación eficiente a pesar de su desequilibrio en las transacciones por fraude con tarjetas de crédito:

Predicción		
Fraude	0	1
0	84731	22
1	27	111

Tabla 1: *Matriz de Confusión Red Neuronal Artificial*

Se procede a presentar las variables de mayor aporte a la estimación de los parámetros de la RNA dado a la figura 21

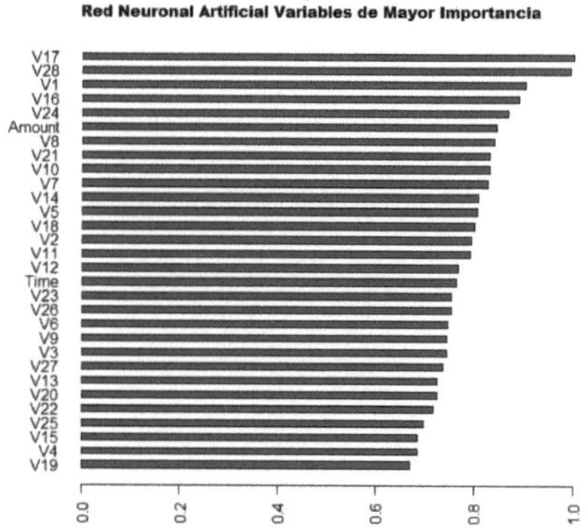

Figura 21: *Variables de Importancia de la Red Neuronal Artificial*

El modelo probabilístico RNA con un alta eficiencia de clasificación métrica superior del 99 %, y el AUC con buen desempeño del 90.2 % como se muestra en la siguiente figura 22. Se concluye que el modelo es altamente eficiente en la clasificación dado que las transacciones son altamente desequilibradas como se muestra en la tabla 2.

Modelo	Accuracy	F Beta Score	Precisión	Recall	AUC	Sensibilidad	Especificidad
Red Neuronal Artificial	99.94 %	99.97 %	99.97 %	99.97 %	90.20 %	99.97 %	83.46 %

Tabla 2: *Tabla de Clasificación Métrica Red Neuronal Artifical*

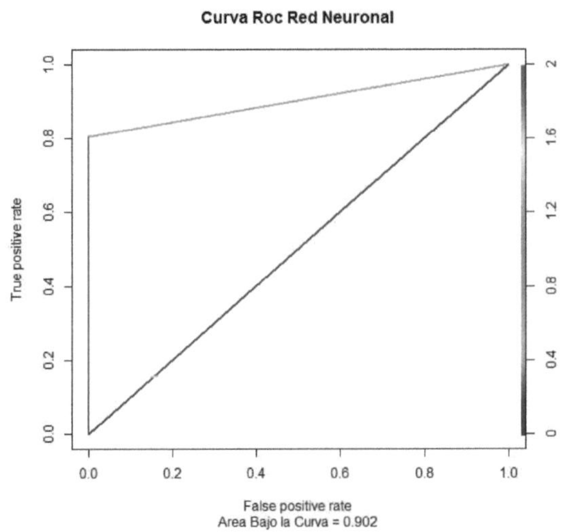

Figura 22: *Curva Roc Área Bajo la Curva Red Neuronal Artificial*

4.4.2. Random Forest

Se procede a realizar la estimación de un modelo probabilístico random forest con un conjunto de datos de entrenamiento con la librería *h2o*, línea de programación del código *h2o.randomForest* y programación de lenguaje de parámetros del código en R, distribución *multinomial*, número de árboles *100* y mtries por defaults -*1*. Dado al modelo se procede a realizar las predicciones con el conjunto de datos de prueba y serán evaluados y analizadas las métricas de clasificación.

En la tabla 3 la matriz de confusión del modelo probabilístico random forest en que realizo una clasificación eficiente dado a su desequilibrio en las transacciones por fraude con tarjetas de crédito:

Se procede a presentar las variables de mayor aporte a la estimación de los parámetros de random forest dado a la figura23

El modelo probabilístico random forest con un alta eficiencia de clasificación métrica superior del 99 %, y el AUC con buen desempeño del 90.2 % como se muestra en la siguiente figura 24. Se concluye que el modelo es altamente eficiente en la clasificación

Predicción		
Fraude	0	1
0	84744	9
1	23	115

Tabla 3: *Matriz de Confusión Random Forest*

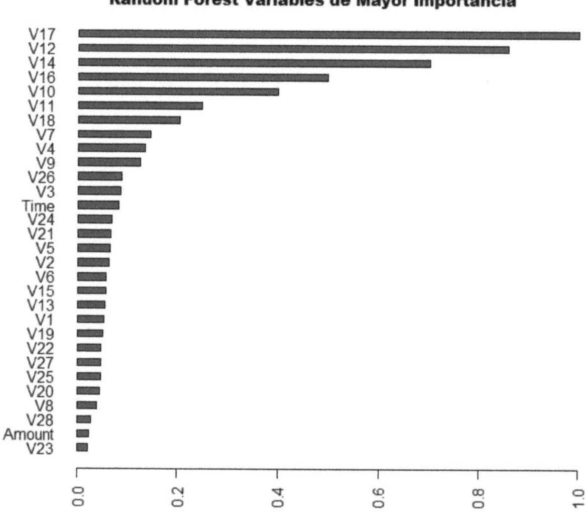

Figura 23: *Variables de Importancia Random Forest*

dado que las transacciones son altamente desequilibradas como se muestra en la tabla 4.

Modelo	Accuracy	F Beta Score	Precisión	Recall	AUC	Sensibilidad	Especificidad
Random Forest	99.96 %	99.98 %	99.98 %	99.97 %	91.66 %	99.97 %	92.74 %

Tabla 4: *Tabla de Clasificación Métrica Random Forest*

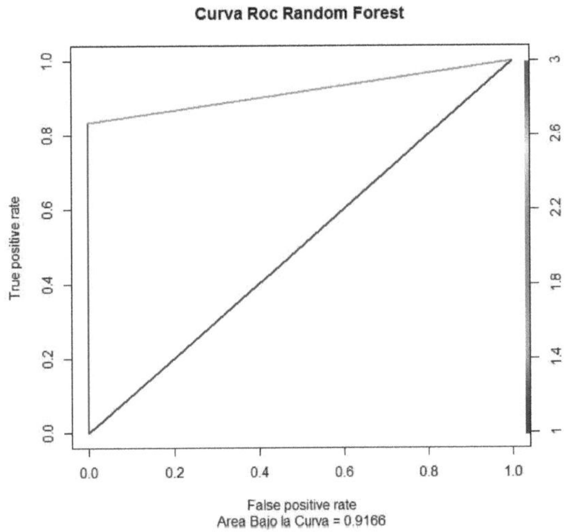

Figura 24: *Curva Roc Área Bajo la Curva Random Forest*

4.4.3. Naive Bayes

Se procede a realizar la estimación de un modelo probabilístico Naive Bayes con un conjunto de datos de entrenamiento con la librería *e1071*, línea de programación del código *naiveBayes* y programación de lenguaje de parámetros del código en R por defaults. Dado al modelo se procede a realizar las predicciones con el conjunto de datos de prueba y serán evaluados y analizadas las métricas de clasificación.

En la tabla 5 la matriz de confusión del modelo probabilístico naive bayes, realizo una sobre estimación de clasificación del fraude, clasificación fp de 21 casos no fraudulentos que fueron clasificados incorrectamente y fn 1841 casos si fraudulentos que fueron clasificados incorrectamente.

Predicción		
Fraude	0	1
0	82912	1841
1	21	117

Tabla 5: *Matriz de Confusión Naive Bayes*

El modelo probabilístico naive bayes realiza una sobre estimación de clasificación métrica con índices superiores del 97 %, y el AUC con buen desempeño del 91. % como se muestra en la siguiente figura 25. Se concluye que el modelo no es altamente eficiente en la clasificación dado que las transacciones son altamente desequilibradas en que realiza sobre estimaciones de las predicciones dada a las observaciones con el conjunto de datos de prueba. Se muestra la siguiente tabla 6.

Modelo	Accuracy	F Beta Score	Precisión	Recall	AUC	Sensibilidad	Especificidad
Naive Bayes	97.81 %	98.89 %	97.83 %	99.97 %	91.31 %	99.97 %	5,975 %

Tabla 6: *Tabla de Clasificación Métrica Naive Bayes*

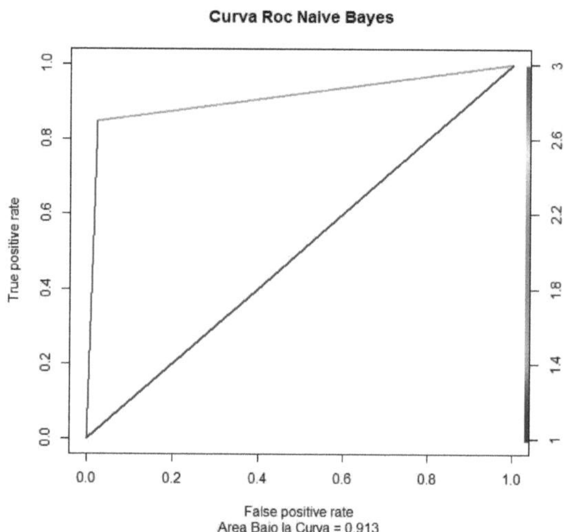

Figura 25: *Curva Roc Área Bajo la Curva Naive Bayes*

4.4.4. Máquinas de Soporte Vectorial

Se procede a realizar la estimación de un modelo probabilístico máquinas de soporte vectorial MSV con un conjunto de datos de entrenamiento con la librería *e1071*, línea de programación del código *svm* y programación de lenguaje de parámetros del código en R, método de clasificación *C-classification* y función kernel *radial*. Dado al modelo se procede a realizar las predicciones con el conjunto de datos de prueba y serán evaluados y analizadas las métricas de clasificación.

En la tabla 7 la matriz de confusión del modelo probabilístico MSV, realizo una clasificación eficiente dado a su desequilibrio en las transacciones por fraude con tarjetas de crédito :

Predicción		
Fraude	0	1
0	84748	5
1	42	96

Tabla 7: Matriz de Confusión Maquinas de Soporte Vectorial

El modelo probabilístico MSV con un alta eficiencia de clasificación métrica superior del 99 %, y el AUC con buen desempeño del 84.78 % como se muestra en la siguiente figura 26. Se concluye que el modelo es altamente eficiente en la clasificación dado que las transacciones son altamente desequilibradas como se muestra en la tabla 8.

Modelo	Accuracy	F Beta Score	Precisión	Recall	AUC	Sensibilidad	Especificidad
MSV	99.94 %	99.97 %	99.99 %	99.95 %	84.78 %	99.95 %	95.05 %

Tabla 8: Tabla de Clasificación Métrica Máquinas de Soporte Vectorial

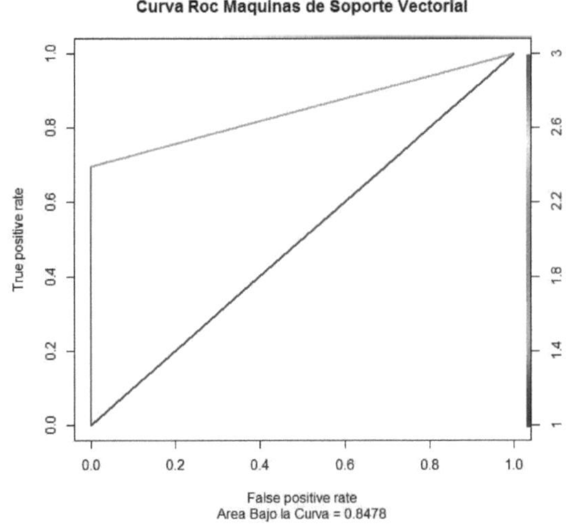

Figura 26: Curva Roc Área Bajo la Curva Máquinas Soporte Vectorial

4.4.5. Modelo Logit

Se procede a realizar la estimación de un modelo probabilístico logit con un conjunto de datos de entrenamiento con la librería _stats_, línea de programación del código _glm_ y función de enlace binomial _logit_. Además, se realiza un segundo proceso de validación por el criterio akaike (_AIC_) con la librería _mass_, línea de programación del código _stepaic_ con

37

el método de paso backward, en que consiste en realizar una combinación de predictores
que evaluara el AIC más eficiente, por criterio el más pequeño, y será seleccionado un
modelo probabilístico final. Dado al modelo seleccionado se realizaran las predicciones
con el conjunto de datos de prueba y serán evaluados con las métricas de clasificación.

En la tabla 9 se reportan los criterios del AIC del modelo inicial y final:

Fuente	Modelo inicial	Modelo final
Modelo Logit	1613.77	1596.90

Tabla 9: AIC Modelo Logit

El modelo probabilístico logit inicial se entrena con el conjunto de datos con 30 predictores
y el resultado del modelo final termina con 17 predictores, eliminando así 13 predictores
que no son estadísticamente significativas, y su discrepancia AIC de 16.87.

A continuación se presentara el modelo probabilístico logit dado por el criterio aic, y sus
estimaciones de parámetros que se muestran en la tabla 10 :

$$Class = -\beta_0 + \beta_1 V_1 + \beta_2 V_4 + \beta_3 V_5 - \beta_4 V_7 - \beta_5 V_8 - \beta_6 V_9 - \beta_7 V_{10} - \beta_8 V_{13} - \beta_9 V_{14} -$$
$$\beta_{10} V_{16} - \beta_{11} V_{20} + \beta_{12} V_{21} + \beta_{13} V_{22} - \beta_{14} V_{23} - \beta_{15} V_{27} - \beta_{16} V_{28} + \beta_{17} Amount$$

	Estimate $\hat{\beta}$	Std. Error	z value	$\Pr(>|z|)$
(Intercept)	-8.6628196	0.1587076	-54.584	<2e-16 ***
V1	0.0843434	0.0446557	1.889	0.058926 .
V4	0.6625835	0.0723807	9.154	<2e-16 ***
V5	0.1193821	0.0400721	2.979	0.002890 **
V7	-0.1286629	0.0687996	-1.870	0.061469 .
V8	-0.1494068	0.0267319	-5.589	2.28e-08 ***
V9	-0.2484982	0.0985974	-2.520	0.011724 *
V10	-0.7537352	0.0988275	-7.627	2.41e-14 ***
V13	-0.3429808	0.0944071	-3.633	0.000280 ***
V14	-0.4945358	0.0587282	-8.421	<2e-16 ***
V16	-0.2569428	0.0716722	-3.585	0.000337 ***
V20	-0.4685317	0.0895766	-5.231	1.69e-07 ***
V21	0.3918092	0.0638236	6.139	8.31e-10 ***
V22	0.6737576	0.1465801	4.597	4.30e-06 ***
V23	-0.1213130	0.0647761	-1.873	0.061095 .
V27	-0.7628973	0.1342560	-5.682	1.33e-08 ***
V28	-0.3045049	0.1075764	-2.831	0.004646 **
Amount	0.0009222	0.0003616	2.550	0.010770 *

Tabla 10: Coeficientes Modelo Logit

En la tabla 11 la matriz de confusión del modelo probabilístico logit, realizo una clasificación eficiente dado a su desequilibrio en las transacciones por fraude con tarjetas de
crédito :

38

	Predicción	
Fraude	0	1
0	84727	26
1	27	111

Tabla 11: *Matriz de Confusión Modelo Logit*

El modelo probabilístico logit con un alta eficiencia de clasificación métrica superior del 99 %, y el AUC con buen desempeño del 90.2 % como se muestra en la siguiente figura 27. Se concluye que el modelo es altamente eficiente en la clasificación dado que las transacciones son altamente desequilibradas como se muestra en la tabla 12.

Modelo	Accuracy	F Beta Score	Precisión	Recall	AUC	Sensibilidad	Especificidad
Regresión Logit	99.93 %	99.96 %	99.97 %	99.97 %	90.20 %	99.97 %	81.02 %

Tabla 12: *Tabla de Clasificación Métrica Modelo Logit*

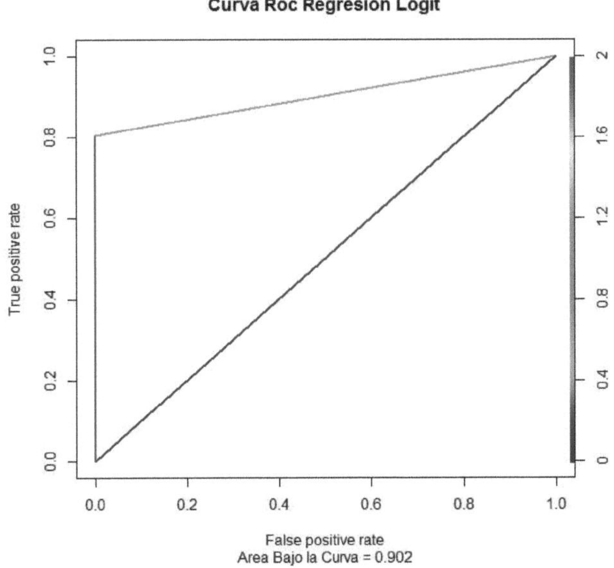

Figura 27: *Curva Roc Área Bajo la Curva Modelo Logit*

4.4.6. Modelo Probit

Se procede a realizar la estimación de un modelo probabilístico probit con un conjunto
de datos de entrenamiento con la librería *stats*, línea de programación del código *glm* y
función de enlace binomial *probit*. Además, se realiza un segundo proceso de validación por
el criterio akaike (AIC) con la librería *mass*, línea de programación del código *stepaic* con
el método de paso backward, en que consiste en realizar una combinación de predictores
que evaluara el AIC más eficiente, por criterio el más pequeño, y será seleccionado un
modelo probabilístico final. Dado al modelo seleccionado se realizaran las predicciones
con el conjunto de datos de prueba y serán evaluados con las métricas de clasificación.

En la tabla 13 se reportan los criterios del aic del modelo inicial y del modelo final:

Fuente	Modelo inicial	Modelo final
Modelo Probit	1565.32	1545.96

Tabla 13: AIC Modelo Probit

El modelo probabilístico probit inicial se entrena con el conjunto de datos con 30 predictores y el resultado del modelo final termina con 18 predictores, eliminando así 12 que
no son significativas estadísticamente, y su discrepancia akaike es de 19.36.

A continuación se presentara el modelo probabilístico probit dado por el criterio akaike,
y sus estimaciones de parámetros que se muestran en la tabla 14 :

$$Class = -\beta_0 + \beta_1 V_1 + \beta_2 V_4 + \beta_3 V_5 - \beta_4 V_6 - \beta_5 V_7 - \beta_6 V_8 - \beta_7 V_9 - \beta_8 V_{10} - \beta_9 V_{13} -$$
$$\beta_{10} V_{14} - \beta_{11} V_{16} - \beta_{12} V_{20} + \beta_{13} V_{21} + \beta_{14} V_{22} - \beta_{15} V_{23} - \beta_{16} V_{27} - \beta_{17} V_{28} + \beta_{17} Amount$$

	Estimate $\hat{\beta}$	Std. Error	z value	$Pr(> \lvert z \rvert)$
(Intercept)	-3.7425917	0.0532387	-70.298	<2e-16 ***
V1	0.0370641	0.0169300	2.189	0.028578 *
V4	0.2360297	0.0257539	9.165	<2e-16 ***
V5	0.0294613	0.0182017	1.619	0.105533
V6	-0.0389237	0.0262422	-1.483	0.138008
V7	-0.0519571	0.0252448	-2.058	0.039577 *
V8	-0.0663664	0.0130075	-5.102	3.36e-07 ***
V9	-0.1337472	0.0355896	-3.758	0.000171 ***
V10	-0.2370622	0.0376057	-6.304	2.90e-10 ***
V13	-0.1300106	0.0337215	-3.855	0.000116 ***
V14	-0.2130047	0.0229532	-9.280	<2e-16 ***
V16	-0.0933862	0.0273323	-3.417	0.000634 ***
V20	-0.1760456	0.0340787	-5.166	2.39e-07 ***
V21	0.1264680	0.0234854	5.385	7.25e-08 ***
V22	0.2196640	0.0497822	4.413	1.02e-05 ***
V23	-0.0396336	0.0230726	-1.718	0.085837 .
V27	-0.2908609	0.0512878	-5.671	1.42e-08 ***
V28	-0.1218196	0.0424348	-2.871	0.004095 **
Amount	0.0004138	0.0001354	3.057	0.002237 **

Tabla 14: Coeficientes Modelo Probit

En la tabla 15 la matriz de confusión del modelo probabilístico probit, realizo una clasificación eficiente dado a su desequilibrio en las transacciones por fraude con tarjetas de crédito:

	Predicción	
Fraude	0	1
0	84728	25
1	28	110

Tabla 15: *Matriz de Confusión Modelo Probit*

El modelo probabilístico probit con un alta eficiencia de clasificación métrica superior del 99 %, y el AUC con buen desempeño del 89.84 % como se muestra en la siguiente figura 28. Se concluye que el modelo es altamente eficiente en la clasificación dado que las transacciones son altamente desequilibradas como se muestra en la tabla 16.

Modelo	Accuracy	F Beta Score	Precisión	Recall	AUC	Sensibilidad	Especificidad
Regresión Probit	99.94 %	99.97 %	99.97 %	99.97 %	89.84 %	99.97 %	81.48 %

Tabla 16: *Tabla de Clasificación Métrica Modelo Probit*

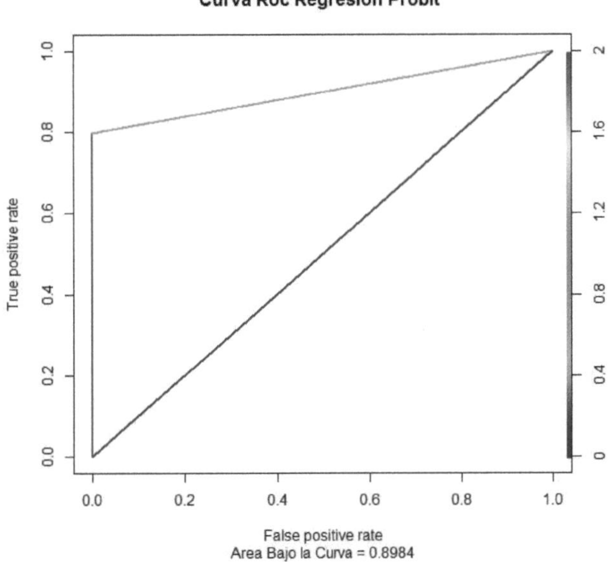

Figura 28: *Curva Roc Área Bajo la Curva Modelo Probit*

4.4.7. Modelo Log Log

Se procede a realizar la estimación de un modelo probabilístico log log con un conjunto de datos de entrenamiento con la librería *stats*, línea de programación del código *glm* y función de enlace binomial *cloglog*. Además, se realiza un segundo proceso de validación por el criterio akaike (AIC) con la librería *mass*, línea de programación del código *stepaic* con el método de paso backward, en que consiste en realizar una combinación de predictores que evaluara el AIC más eficiente, por criterio el más pequeño, y será seleccionado un modelo probabilístico final. Dado al modelo seleccionado se realizaran las predicciones con el conjunto de datos de prueba y serán evaluados con las métricas de clasificación.

En la tabla 17 se reportan los criterios del aic del modelo inicial y del modelo final:

Fuente	Modelo inicial	Modelo final
Modelo Log Log	13830	9279

Tabla 17: *AIC Modelo Log Log*

El modelo probabilístico log log inicial se entrena con el conjunto de datos con 30 predictores y el resultado del modelo final termina con 25 predictores, eliminando así 5 que no son significativas estadísticamente, y su discrepancia akaike es de 4551.

A continuación se presentara el modelo probabilístico log log dado por el criterio akaike, y sus estimaciones de parámetros que se muestran en la tabla 18 :

$$Class = -\beta_0 + \beta_1 Time + \beta_2 V_1 + \beta_3 V_3 + \beta_4 V_4 - \beta_5 V_5 - \beta_6 V_6 + \beta_7 V_7 - \beta_8 V_9 - \beta_9 V_{10} + \beta_{10} V_{11} - \beta_{11} V_{13} - \beta_{12} V_{14} - \beta_{13} V_{16} - \beta_{14} V_{17} + \beta_{15} V_{19} + \beta_{16} V_{20} - \beta_{17} V_{21} + \beta_{18} V_{22} - \beta_{19} V_{23} - \beta_{20} V_{24} + \beta_{21} V_{25} - \beta_{22} V_{26} + \beta_{23} V_{27} + \beta_{24} V_{28} - \beta_{25} Amount$$

En la tabla 19 la matriz de confusión del modelo probabilístico log log, realizo una clasificación eficiente dado a su desequilibrio en las transacciones por fraude con tarjetas de crédito :

Predicción		
Fraude	0	1
0	84729	24
1	28	110

Tabla 19: *Matriz de Confusión Modelo Log Log*

El modelo probabilístico log log con un alta eficiencia de clasificación métrica superior del 99 %, y el AUC con buen desempeño del 89.84 % como se muestra en la siguiente figura 29. Se concluye que el modelo es altamente eficiente en la clasificación dado que las transacciones son altamente desequilibradas como se muestra en la tabla 20.

Modelo	Accuracy	F Beta Score	Precisión	Recall	AUC	Sensibilidad	Especificidad
Regresión Log Log	99.94 %	99.97 %	99.97 %	99.97	89.84 %	99.97 %	82.09 %

Tabla 20: *Tabla de Clasificación Métrica Modelo Log Log*

	Estimate $\hat{\beta}$	Std. Error	z value	$\Pr(> |z|)$
(Intercept)	-2.217e+15	4.271e+05	-5.191e+09	<2e-16 ***
Time	2.612e+09	4.134e+00	6.320e+08	<2e-16 ***
V1	9.849e+13	8.291e+04	1.188e+09	<2e-16 ***
V3	1.436e+14	1.182e+05	1.216e+09	<2e-16 ***
V4	1.375e+14	1.098e+05	1.253e+09	<2e-16 ***
V5	-2.770e+14	1.331e+05	-2.081e+09	<2e-16 ***
V6	-3.931e+14	1.213e+05	-3.240e+09	<2e-16 ***
V7	7.583e+13	1.469e+05	5.160e+08	<2e-16 ***
V9	-1.403e+14	1.373e+05	-1.022e+09	<2e-16 ***
V10	-8.738e+13	1.394e+05	-6.267e+08	<2e-16 ***
V11	9.151e+13	1.555e+05	5.887e+08	<2e-16 ***
V13	-1.433e+14	1.521e+05	-9.426e+08	<2e-16 ***
V14	-3.859e+14	1.591e+05	-2.426e+09	<2e-16 ***
V16	-1.604e+14	1.720e+05	-9.325e+08	<2e-16 ***
V17	-3.806e+14	1.790e+05	-2.126e+09	<2e-16 ***
V19	3.649e+13	1.869e+05	1.952e+08	<2e-16 ***
V20	1.337e+14	2.268e+05	5.895e+08	<2e-16 ***
V21	-8.533e+13	2.091e+05	-4.081e+08	<2e-16 ***
V22	1.698e+12	2.124e+05	7.997e+06	<2e-16 ***
V23	-1.463e+14	2.449e+05	-5.971e+08	<2e-16 ***
V24	-2.554e+14	2.488e+05	-1.027e+09	<2e-16 ***
V25	1.734e+14	3.029e+05	5.725e+08	<2e-16 ***
V26	-3.463e+13	3.134e+05	-1.105e+08	<2e-16 ***
V27	3.279e+14	3.765e+05	8.709e+08	<2e-16 ***
V28	2.500e+14	4.499e+05	5.557e+08	<2e-16 ***
Amount	-2.027e+11	9.908e+02	-2.046e+08	<2e-16 ***

Tabla 18: *Coeficientes Modelo Log Log*

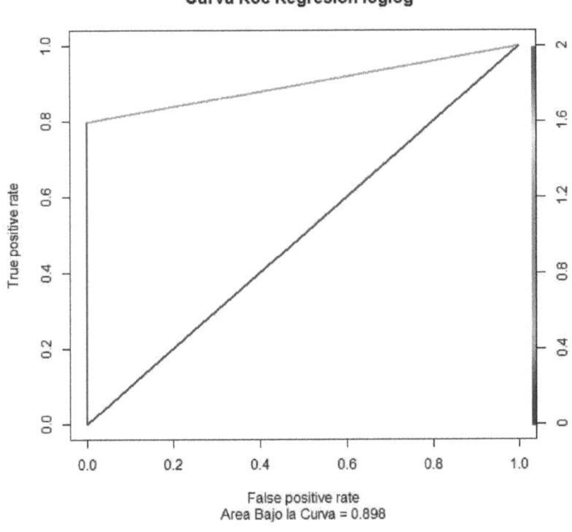

Figura 29: *Curva Roc Área Bajo la Curva Modelo Log Log*

Los modelos probabilísticos expuestos presentan un buen desempeño en su clasificaciones dado a que el conjunto de datos por fraude con tarjetas de crédito están altamente desequilibradas, todos los modelos presentan sus métricas de clasificación superiores al 97 % como se muestra en la tabla 21, además, son altamente eficientes en la detección por fraude con tarjeta de crédito. Ejemplo, el modelo pronostica la detección de fraude con tarjeta en una transacción en euros y la entidad financiera y comercial puede tomar medidas de seguridad en el momento de la compra, si el modelo no realiza una predicción eficiente y se presenta bloqueo en la transacción es un cliente con una probabilidad muy alta de que haga entrega de su tarjeta crédito y no quiera volver a tomar ninguno de los productos de la entidad financiera por daños y perjuicios al buen nombre, esto representa una pérdida muy grande por fuga de clientes e imagen financiera. El modelo minero con el más alto desempeño de su AUC es el random forest con un 91.66 %, pero el modelo generalizado logit presenta un 90.2 % con la única ventaja que su costo computacional es menor y un tiempo mínimo, en conclusión estadísticamente no hay diferencia significativa en el rendimiento del AUC en clasificación.

Modelos	Accuracy	F Beta Score	Precisión	Recall	AUC	Sensibilidad	Especificidad
RNA	99.94 %	99.97 %	99.97 %	99.97 %	90.20 %	99.97 %	83.46 %
Random Forest	99.96 %	99.98 %	99.98 %	99.97 %	91.66 %	99.97 %	92.74 %
Naive Bayes	97.81 %	98.89 %	97.83 %	99.97 %	91.31 %	99.97 %	5,975 %
MSV	99.94 %	99.97 %	99.99 %	99.95 %	84.78 %	99.95 %	95.05 %
Regresión Logit	99.93 %	99.96 %	99.97 %	99.97 %	90.20 %	99.97 %	81.02 %
Regresión Probit	99.94 %	99.97 %	99.97 %	99.97 %	89.84 %	99.97 %	81.48 %
Regresión Log Log	99.94 %	99.97 %	99.97 %	99.97 %	89.84 %	99.97 %	82.09 %

Tabla 21: *Tabla Consolidada Métrica*

5. Conclusiones

La comparación de eficiencia de los modelos probabilísticos de minería de datos y los generalizados no reportó diferencias significativas en sus resultados, además, el costo computacional en programación del código del lenguaje R y tiempo de espera en las estimaciones de los parámetros de los modelos de minería son bastante altos en comparación al tiempo y validaciones con los modelos generalizados.

1. **Red neuronal artificial** : Para proceder a realizar la optimización de los parámetros hay que tener en cuenta la estructura de la variable dependiente si es continua o categórica, si es continua realiza una regresión y si es categórica realiza una clasificación. En la optimización del número de capas ocultas, función de distribución y función de activación esto conlleva a realizar un número de pruebas en encontrar el numero deseado de capas ocultas en que hay que definir por criterio o experiencia, dado que en la programación R se realiza un número de ejecuciones de programación para encontrar los parámetros del modelo que se ajusta a las métricas de validación. En la literatura se encuentran algunos procedimientos y técnicas para encontrar su parámetros óptimos pero conlleva a un costo computacional y tiempo muy altos. Dado al número de ejecución de programación en simulaciones en R y tiempo, el

modelo puede captar muy eficiente las predicciones de fraude con tarjetas de crédito dado a su aprendizaje de entrenamiento.

2. **Random forest** : Para proceder a realizar la optimización de los parámetros hay que tener en cuenta la estructura de la variable dependiente si es continua o categórica para su programación del lenguaje R en número de árboles, numero de predictores y función de distribución entre otras. Esto conlleva a un costo computacional y tiempo muy altos para encontrar por métodos de simulación los parámetros deseados del random forest. Se describe a continuación el criterio del tipo de estructura de la variable dependiente en su ejecución del lenguaje R:

   a) Variable continua: El modelo procede a realizar una regresión. Por métodos de programación de simulación la medida de ajuste para el problema son CME y RMSE, para el mejor ajuste de bondad de la variable dependiente dado a su aprendizaje.

   b) Variable categórica: El modelo procede a realizar una clasificación. Por métodos de programación de simulación la medida de ajuste para el problema es AUC, para el mejor ajuste de bondad de la variable dependiente dado a su aprendizaje.

   Dado al número de ejecución de programación en simulaciones en R y tiempo el modelo de una red neuronal artificial puede captar muy eficiente las predicciones de fraude con tarjetas de crédito dado a su aprendizaje de entrenamiento.

3. **Naive bayes**: Este modelo es versátil en la aplicación de grandes conjunto de datos para su programación del lenguaje R, en su costo computacional y tiempos. Para el conjunto de datos de prueba de fraudes con tarjeta de crédito presento sobre estimaciones en sus predicciones se concluye que este modelo no es eficiente en la detección por fraude.

4. **Máquinas de soporte vectorial**: Para proceder a realizar la optimización de los parámetros hay que tener en cuenta la estructura de la variable dependiente si es continua o categórica, si es continua realiza una regresión y si es categórica realiza una clasificación, además, su programación en la simulación de los algoritmos tiene un costo computacional y tiempos muy altos en cada iteración del modelo en eva-luación y análisis de sus métricas. Dado al número de ejecución de programación en simulaciones en R y tiempo el modelo máquinas de soporte vectorial puede captar muy eficiente las predicciones de fraude con tarjetas de crédito dado a su aprendizaje de entrenamiento.

5. **Modelos lineales generalizados**: Este tipo de modelos son altamente eficientes en costo computacional y tiempos de estimación en su programación de simulación en el lenguaje R, su variable aleatoria, componente sistemático y funciones de enlace *logit, probit y cloglog* permiten que las predicciones sean óptimas en la detección del fraude. Su programación y simulación en lenguaje R permite diferentes metodologías para optimizar el modelo en costo computacional bajos y tiempo de espera mínimos. Se concluye para los modelos generalizados son altamente eficientes como los modelos mineros, después de realizar su optimización de parámetros para proceder a realizar sus predicciones con el conjunto de datos de prueba para la detección de fraude con tarjetas de crédito.

6. **Diseño de Muestreo Probabilístico M.A.S.**: Para el conjunto de datos de detección de fraude con tarjetas de crédito se diseño un muestreo probabilístico M.A.S. estratificado segmentado para el conjunto de datos de entrenamiento, en que podemos afirmar que los modelos realizaron un entrenamiento altamente eficiente en la estimación de sus parámetros y sus predicciones sean óptimas.

6. Trabajos futuros

Como trabajos futuros se recomienda en profundizar en teoría y aplicación en los modelos probabilísticos mineros y generalizados en la optimización de sus parámetros y algoritmos. Se mencionaran algunos trabajos futuros que serán de gran interés:

1. Profundizar en teoría y aplicación en la optimización en las redes neuronales artificiales en la estimación del número de capas perceptrón monocapa y perceptrón multicapa.

2. Comparar y analizar el fraude con tarjetas de crédito con modelos probabilísticos bayesianos y dinámicos.

3. Comparación de los modelos probabilísticos de series de tiempo, generalizados y mineros en la estimación y predicción de los precios del barril del crudo de petróleo para Colombia.

Referencias

[1] Agus Sudjianto, Ming Yuan, Daniel Kern, Sheela Nair, Aijun Zhang & Fernando Cela-Díaz (2010) *Statistical Methods for Fighting Financial Crimes*. Technometrics, Vol. 52, No. 1 (February 2010)

[2] Amat, Joaquin Rodrigo (2017)
Árboles de predicción: Bagging, Random Forest, Boosting y C5.0 `https://rpubs.com/Joaquin_AR/255596`

[3] Bolton Richard J & Hand David J. (2002) . *Statistical Fraud Detection: A Review.* Statistical Science, Vol. 17, No. 3 (Aug., 2002), pp. 235-249

[4] Breiman Leo (2001) *Random Forests* Statistics Department, University of California, Berkeley, CA 94720

[5] Burbidge Robert & Buxton Bernard (2001) *An Introduction to Support Vector Machines for Data Mining* . Computer Science Dept., UCL, Gower Street, WC1E 6BT, UK

[6] Campos Yepes John Jairo (2017) *Modelos Apilados y factores que pueden afectar la eficiencia.* Universidad Santo Tomás sede Bogotá, Trabajo de Grado

[7] Carneiro Nuno, Gonzalez Carlos & Costa Miguel (2017)
A data mining based system for credit-card fraud detection in e-tail.

[8] Cordeiro Moutinho Gauss (2013) *Modelos Lineales Generalizados y Extensiones*. Departamento de Estadística e Informática - UFRPE

[9] Falcon Fraud Manager
`http://www.fico.com/en/products/fico-falcon-fraud-manager`

[10] Han Jiawei, Kamber Micheline & Pei Jian (2014) *Data Mining Concepts and Techniques* Third Edition, Elsevier Science, ISBN libro electrónico 9780123814807

[11] Manjarrez Lino (2014) . *Relaciones Neuronales Para Determinar la Atenuación del Valor de la Aceleración Máxima en Superficie de Sitios en Roca Para Zonas de Subducción.* `https://www.researchgate.net/publication/315762548`

[12] Parra Francisco (2017)
Estadística y Machine Learning con R `https://rpubs.com/PacoParra/293405`

[13] Real Academia Española.
Diccionario de la lengua española `http://dle.rae.es/?id=IQS313i`

[14] Rincón Olmos Jhon Alexander (2017) *Comparación de Modelos Apilados Bajo los Esquemas de Redes Neuronales y Árboles de Clasificación.* Universidad Santo Tomás

[15] Rincón Suárez Luis Francisco (2009) *Curso Básico de Modelos Lineales*. Universidad Santo Tomás

[16] Santamaria Ruiz Wilfredy (2006) . *Técnicas de Minería de Datos Aplicadas en la Detección de Fraude : Estado del Arte*. `https://www.researchgate.net/publication/240724702`

[17] Sandoval Ricardo (1991). *Tarjeta de Crédito Bancaria*. Editorial Jurídica de Chile ISBN: 956-10-0917-9

[18] Silvaz Juan Felipe (2010). *Minería de datos para la Predicción de Fraudes en Tarjetas de Crédito*. Universidad Distrital Francisco José de Caldas, Sede Bogotá.

[19] Torgo Luis (2011) *Data Mining with R Learning With Case Studies* Chapman & Hall / CRC, ISBN 9781439810187

[20] Vila María Sanchéz Daniel & Cerda Luis. (2004) *Reglas de Asociación Aplicadas a la Detección de Fraude con Tarjetas de Crédito*. XII Congreso Español Sobre Tecnologías y Lógica Fuzzy.

[21] Yanchang Zhao, Yonghua Cen, & Justin Cen (2013) *Data Mining Applications with R* Elsevier Science, ISBN libro electrónico 9780124115200

CONTENIDO